PFOS/PFOSF 环境管理及处置技术的政策演变与实践

Environmental Management and Disposal Technologies for PFOS/PFOSF：Policy Evolution and Practices

生态环境部对外合作与交流中心
甘肃省生态环境科学设计研究院　　著

中国环境出版集团·北京

图书在版编目（CIP）数据

PFOS/PFOSF环境管理及处置技术的政策演变与实践 ／
生态环境部对外合作与交流中心，甘肃省生态环境科学设
计研究院著. -- 北京 ：中国环境出版集团，2024. 11.
ISBN 978-7-5111-6071-3

Ⅰ. X5
中国国家版本馆CIP数据核字第202404RQ64号

策划编辑　曹　玮
责任编辑　王　洋
封面设计　宋　瑞

出版发行　**中国环境出版集团**
　　　　　（100062　北京市东城区广渠门内大街 16 号）
　　　　　网　　　址：http://www.cesp.com.cn
　　　　　电子邮箱：bjgl@cesp.com.cn
　　　　　联系电话：010-67112765（编辑管理部）
　　　　　　　　　　010-67113412（第二分社）
　　　　　发行热线：010-67125803，010-67113405（传真）
印　　刷　北京中科印刷有限公司
经　　销　各地新华书店
版　　次　2024 年 11 月第 1 版
印　　次　2024 年 11 月第 1 次印刷
开　　本　787×1092　1/16
印　　张　9
字　　数　186 千字
定　　价　49.00 元

《PFOS/PFOSF 环境管理及处置技术的政策演变与实践》

著作委员会

主　　任：任志远　　张兴林

副 主 任：徐　亚　　王伟红

编写人员：王伟红　　陈文静　　王尚荣　　管清玉

　　　　　孙霞忠　　田铠源　　何乐萍　　魏永强

　　　　　帖雨薇　　田鸿业　　窦　飞　　赵　翔

　　　　　张健强　　马　丽　　杨　斌　　赵培强

审　　稿：张兴林　　张晓丹　　刘　敏

前　言

　　持久性有机污染物（POPs）因其持久性、长距离迁移能力、生物累积性以及对环境和人体健康存在不利影响，被《关于持久性有机污染物的斯德哥尔摩公约》（以下简称《POPs公约》）管控。其中，全氟辛基磺酸（PFOS）及其盐类和全氟辛基磺酰氟（PFOSF）作为POPs家族的成员，其应用覆盖了与我们日常生活紧密相关的近千种产品，其普遍存在给环境和人类健康埋下隐患。PFOS/PFOSF即使在极端的环境条件下，也难以被自然分解。更令人担忧的是，它还具有持久性、生物累积性和生物放大效应，最终对人体和动物造成长期、慢性的健康威胁。

　　为了应对PFOS/PFOSF带来的环境和健康问题，2009年5月，《POPs公约》缔约方大会第四次会议通过修正案，将包括PFOS/PFOSF在内的9种新POPs增列入《POPs公约》受控清单，PFOS/PFOSF被列入附件B，被限制生产和使用。中国作为《POPs公约》缔约方，在PFOS/PFOSF列入《POPs公约》后，我国不断推进PFOS/PFOSF的限制使用和淘汰工作。2013年8月30日，十二届全国人大常委会审议批准了PFOS/PFOSF被列入《POPs公约》的修正案；2014年3月26日修正案正式生效，禁止了PFOS/PFOSF除6种"特定豁免用途"和7种"可接受用途"外的一切生产、流通、使用和进出口；2019年5月，《POPs公约》缔约方大会第九次会议审议通过了关于PFOS/PFOSF的修正案，将泡沫灭火剂由可接受用途调整为特定豁免用途，并对使用条件加以限制；2023年3月1日起，我国施行《重点管控新污染物清单（2023年版）》；2024年1月1日起，我国全面禁止PFOS的生产、使用和进出口。本书是"全球环境基金中国 PFOS 优先行业削减与淘汰项目"研究成果，可为我国 PFOS 类的环境与社会管理及无害化处置提供参考。

生态环境部对外合作与交流中心、甘肃省生态环境科学设计研究院组成《PFOS/PFOSF 环境管理及处置技术的政策演变与实践》专著编制组，从 PFOS 与 POPs 及 PFAS 的关系，PFOS 的环境污染及毒性，PFOS 管控的国内外政策导向，PFOS 识别和风险评估，PFOS 的环境和社会管理，PFOS 替代品及替代技术的发展，PFOS 无害化处置技术，以及"中国 PFOS 优先行业削减与淘汰项目"的典型案例等方面做了深入的探讨。本书旨在为读者提供 PFOS 管理与处置实践参考，可为生态环境主管部门及生态环境基层从业者在应对 PFOS 的环境与社会管理及 PFOS 无害化处置时提供帮助。

全书共分为 8 章，具体分工如下：第 1 章由陈文静完成；第 2~第 6 章由王伟红完成；第 7 章由田铠源完成；第 8 章由王尚荣完成。书后附件和参考文献由王伟红汇总整理。全书由孙霞忠、王尚荣统稿，审稿由张兴林、张晓丹、刘敏完成。本次参与课题组织管理的有任志远、张兴林和管清玉等，参与课题研究工作的有生态环境部对外合作与交流中心的任志远、陈文静等，甘肃省生态环境科学设计研究院的张兴林、徐亚、王伟红、田铠源、王尚荣、何乐萍、帖雨薇、魏永强、田鸿业等，以及兰州大学的管清玉、孙霞忠等。另外，窦飞、赵翔、张健强、马丽、杨斌、赵培强负责全书校对工作。提供技术支持的专家有黄俊、刘敏、张晓丹、张磊、陈祎等。本书在编写过程中引用了课题组和相关同行的研究成果和资讯，在此向各位专家和所有原创作者一并表示感谢！

鉴于本书涉及的专业内容较多，相关政策法规、技术标准时有更替，加之著者知识水平有限和时间较短，疏漏与不足之处在所难免，恳请广大读者批评指正，并提出宝贵建议。

著　者

2024 年 8 月

目 录

第 1 章 PFOS 与 POPs 及 PFAS 的关系

1.1 POPs 简介

1.1.1 POPs 的定义

广义上的持久性有机污染物（Persistent Organic Pollutants，POPs）是指具有持久性、长距离迁移能力、生物累积性和不利影响的有机污染物[1]。狭义上的 POPs 特指受《关于持久性有机污染物的斯德哥尔摩公约》（以下简称《POPs 公约》）管控的化学物质。

POPs 与难降解有机物（Recalcitrant Organic Compounds，ROCs）、持久性有毒物质（Persistent Toxic Substances，PTSs）、持久性生物累积性有毒物质（Persistent Bioaccumulative Toxic Pollutants，PBTs）在概念上存在区别：①POPs 指同时具有持久性、生物累积性、长距离迁移能力和不利影响的有机污染物。②ROCs 通常指在自然条件下难以被化学生物光作用发生递降分解的有机化学物质；POPs 与 ROCs 有联系，但并不是一回事，ROCs 仅仅反映出了污染物的环境持久性。③PTSs 与 POPs 相比，它未强调生物累积性和长距离迁移能力，同时它不一定指有机物。④PBTs 指具有持久性、生物累积性的有毒物质，与 POPs 相比，它未强调长距离迁移能力，同时它不一定指有机物。因此，POPs 相对于 ROCs、PTSs、PBTs 等概念，是一部分性质更为独特、对生态环境和人类健康危害更大的一部分有机污染物[2]。

在日常生活中，我们不可避免地会与 POPs 接触。例如，施洒在田地里的有机氯农药会随着雨水流入河川，或者附着在瓜果、蔬菜上进入人们的菜篮子；淘汰的旧电容器或者变压器可能就是隐藏在人们身边的多氯联苯"炸弹"；垃圾焚烧炉、汽车尾气和钢铁冶金等工业释放的二噁英会通过大气沉降到附近的土壤，再随雨水流入河流、湖泊和海洋……这些污染物正悄无声息地影响着我们的生活。POPs 污染具有隐蔽性，尽管它们在环境中仅以极低浓度存在，但其污染和危害却是严重和长久的。

1.1.2 POPs 的性质

1.1.2.1 持久性

POPs 通常是卤代化合物，具有低水溶性。《POPs 公约》对持久性的规定如下[3]：

1）表明该化学品在水中的半衰期大于 2 个月，或在土壤中的半衰期大于 6 个月，或在沉积物中的半衰期大于 6 个月的证据；

2）该化学品具有其他足够持久性、因而足以有理由考虑将之列入本公约适用范围的证据。

POPs 结构非常稳定，对光、热、微生物、生物代谢酶等的各种作用都具有很强的抵抗能力，在自然条件下很难发生降解。一旦进入环境，它们将在水体、土壤和底泥等环境介质以及生物体中长期残留，持续时间可长达数年，甚至数十年[4]。

1.1.2.2 长距离迁移能力

POPs 能从其排放源长距离迁移到很远的地方。一方面，POPs 能通过"全球蒸馏效应"和"蚱蜢跳效应"在温度较高的热带和亚热带地区挥发进入大气，随后在寒温带或两极地区冷凝沉降[5]；另一方面，POPs 能附着在颗粒物上通过大气环流传输，或通过河流和洋流的水相传输，或经由食物链在动物体内累积并随之远距离迁移。这两个方面揭示了在特定地区对 POPs 的生产、使用和排放进行严格管理后，其环境存量并未出现明显下降，甚至可能有所增加的原因。

《POPs 公约》对长距离迁移能力的规定如下[3]：

1）在远离其排放源的地点测得的该化学品的浓度可能会引起关注；

2）监测数据显示，该化学品具有向环境受体转移的潜力，且可能已通过空气、水或迁徙物种进行了远距离环境迁移；

3）环境转归特性和/或模型结果显示，该化学品具有通过空气、水或迁徙物种进行远距离环境迁移的潜力，以及转移到远离物质排放源地点的某一环境受体的潜力。对于通过空气大量迁移的化学品，其在空气中的半衰期应大于 2 天。

1.1.2.3 生物累积性

《POPs 公约》对生物累积性的规定如下[3]：

1）表明该化学品在水生物种中的生物浓缩系数或生物累积系数大于 5000，或无生物浓缩系数和生物累积系数数据，且其 $\lg K_{ow}$①值大于 5 的证据；

2）表明该化学品有令人关注的其他原因的证据，例如在其他物种中的生物累积系数值较高，或具有剧毒性或生态剧毒性；

---

① K_{ow} 为辛醇-水分配系数。

3）生物区系的监测数据显示，该化学品所具有的生物累积潜力足以有理由考虑将其列入《POPs 公约》的适用范围。

POPs 具有较高的脂溶性，易通过生物细胞的磷酸酯膜，并在脂肪中累积。由于野生动物及人体均含有一定数量的脂肪组织，当 POPs 通过各种接触途径被生物体摄入后，它们会在脂肪组织中不断积累，形成"生物累积"。这种生物累积现象导致生物体内的 POPs 浓度远高于周围环境介质中的浓度，称为"生物浓缩"。在食物链中，由于捕食关系的存在，处于更高营养级的生物会不断捕食体内含有 POPs 的较低营养级生物，因此，较高营养级的生物体内会累积更高浓度的 POPs，即发生"生物放大"现象。由于人类处于食物链的顶端，这种沿食物链的生物放大作用意味着人类可能面临更高浓度 POPs 毒害的风险。

1.1.2.4　不利影响

POPs 的不利影响是多方面的、复杂的，绝大多数 POPs 不仅具有致癌、致畸、致突变效应（"三致"效应），而且有内分泌干扰作用[6,7]。

《POPs 公约》对不利影响的规定如下[3]：

1）表明该化学品对人类健康或对环境产生不利影响，因而有理由将之列入本公约适用范围的证据；

2）表明该化学品可能会对人类健康或对环境造成损害的毒性或生态毒性数据。

1.1.3　POPs 的分类

2001 年 5 月，《POPs 公约》提出了 12 种优先控制的 POPs，之后陆续在 2009 年、2011 年、2013 年、2015 年、2017 年、2019 年、2022 年和 2023 年将第二至第九批化学品增列入《POPs 公约》控制名单。

《POPs 公约》管控的 POPs 按产生方式及用途分为三类：①农药类，如滴滴涕、艾氏剂、狄氏剂、异狄氏剂、氯丹、七氯、灭蚁灵、毒杀芬、六氯苯和甲氧滴滴涕；②工业生产类，如多氯联苯、六溴联苯、六溴二苯醚、六溴环十二烷、十溴二苯醚、得克隆和紫外线吸收剂（UV-328）等物质；③非故意产生物质，如六氯丁二烯、六氯苯、五氯苯、多氯二苯并对二噁英和多氯二苯并呋喃等物质。《POPs 公约》中管控的 POPs，大多数是人类为了满足特定的需要而有意合成和生产的，而二噁英则主要是在一些工业过程中作为副产物无意生成的。此外，六氯苯和多氯联苯等除工业生产外，也会在一些工业过程中生成。部分物质既为农药类，又为工业生产类，同时为非故意产生物质，如六氯苯和五氯苯。全氟辛基磺酸及其盐类和全氟辛基磺酰氟［Perfluorooctane sulfonic acid（PFOS），its salts and perfluorooctane sulfonyl fluoride（PFOSF），PFOS/PFOSF］既为农药类，又为工业生产类。

《POPs 公约》管控的 POPs 按管控方式也分为三类：①消除类物质，列入附件 A，包括列入《POPs 公约》的大部分 POPs；②限制类物质，列入《POPs 公约》附件 B，包括 2001 年列入《POPs 公约》的滴滴涕，以及 2009 年列入《POPs 公约》的 PFOS/PFOSF；③无意生成和排放类物质，排入环境后管控较困难，列入《POPs 公约》附件 C，包括 2001 年列入《POPs 公约》的六氯苯、多氯联苯、多氯二苯并对二噁英和多氯二苯并呋喃，2009 年列入《POPs 公约》的五氯苯，2015 年列入《POPs 公约》的多氯萘，以及 2017 年列入《POPs 公约》的六氯丁二烯。

1.2　PFAS 的发现、性质及环境来源

1.2.1　PFAS 的发现

全氟和多氟烷基物质（Per-and Polyfluoroalkyl Substances，PFAS）是一类人工合成的持久性有机污染物，它们是由氢原子被氟原子全部或部分替换的脂肪烃碳链构成的有机氟化合物，其分子通式为 C_nF_{2n-1}-R[8]。根据主链中氟化碳原子的数量，PFAS 分为长链 PFAS（C≥8）和短链 PFAS（C<8）。例如，全氟辛酸及其盐类和相关化合物 [Perfluorooctanoic acid（PFOA），its salts and PFOA-related compounds，以下简称 PFOA] 和 PFOS 属于长链 PFAS，而全氟丁酸（Heptafluorobutyric acid，PFBA）和全氟丁基磺酸（Perfluorobutane sulfonate，PFBS）属于短链 PFAS（图 1-1）[9]。

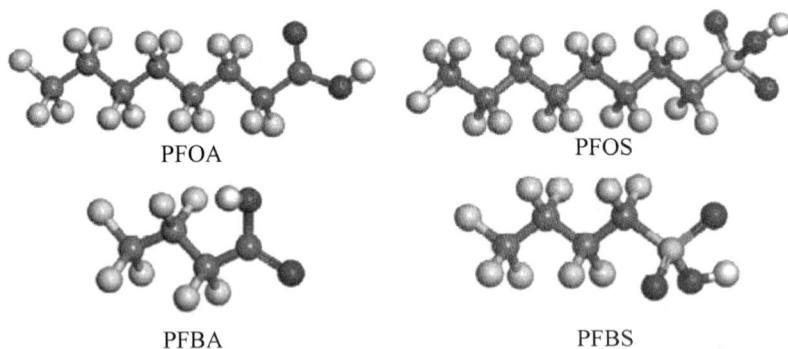

PFOA

PFOS

PFBA

PFBS

图 1-1　PFOA、PFOS、PFBA 和 PFBS 的结构式[9]

PFAS 的研发历程可追溯至 20 世纪 40 年代左右。当时，化学家致力于找到一种能抵抗高温、油脂、水和化学品侵蚀的物质，以满足工业、军事及消费品市场对产品性能与耐用性日益增长的需求。

1938 年，化学家罗伊·普朗克特在研发新型冷冻剂时，意外发现了聚四氟乙烯

（PTFE），并于 1941 年实现工业化。这种材料的分子结构独特，由碳原子和氟原子紧密组合而成，其中包含了自然界中最强的化学键——碳—氟键（C—F），赋予了 PTFE 卓越的稳定性。正因为这种稳定性，PTFE 展现出了超凡的化学性能和热稳定性能，即使在极端温度条件下，也能保持其固有的物理性质不受影响。特别值得一提的是，PTFE 在烹饪器具领域的应用极为出色。由于其表面异常光滑，几乎没有任何物质能够黏附其上，这使得它成为非黏涂层材料的理想选择，在烹饪器具的制造中得到了广泛应用。

　　1947 年，明尼苏达矿务及制造业公司（Minnesota Mining and Manufacturing Company，3M 公司）通过电化学氟化（Electrochemical Fluorination，ECF）法首次制造了 PFOA，电化学氟化法主要通过氢氟酸中的氟原子替换脂肪烃碳链上的氢原子，合成全氟烷基羧酸（PFCAs）。这一过程涉及自由基引发的碳链重排和断裂，不仅产生了目标物的直链与支链异构体，还生成了其他种类的全氟化合物同系物。ECF 法合成的 PFOS 和 PFOA 直链与支链异构体的比例为 70%～80%直链与 20%～30%支链[4,5]。杜邦公司率先商业化生产 PTFE，这是 20 世纪中叶引入市场的一种 PFAS。PTFE 以"特氟龙"（Teflon）品牌最为知名，因其非黏性和耐高温特性而被广泛应用于各行业[10]。

　　20 世纪 50 年代，含有特氟龙涂层的厨具开始逐渐普及，极大地提高了烹饪和清洁的便利性。除了在厨房用品中应用，特氟龙还广泛应用于其他领域。在电子行业，它作为绝缘材料使用。此外，特氟龙还用于制造管道、泵、阀门等工业部件，以及高性能的防水防污面料、地毯、食品包装材料等。经过广泛的实验和研究，化学家成功合成了一系列含有碳—氟键（C—F）的化合物，后来被统称为 PFAS，并迅速在多个消费品和工业领域得到应用。

　　20 世纪 60 年代和 70 年代，PFAS 的使用进一步扩展到更多的工业应用和安全领域，如消防泡沫、液体污染物的防护装备、航空和航天工业等领域。例如，在航空和航天工业领域中，PTFE 用于制造耐高温密封件和润滑材料。

　　PFAS 已在全球多种环境介质中广泛分布，目前已有超过 4700 种 PFAS 在环境中被检测到。其中，PFOA 和 PFOS 作为污染水平较高的风险物质，不仅是 PFAS 家族中的重要成员，也是 PFAS 在环境中降解和转化的最终产物[11]。

1.2.2　PFAS 的性质

1.2.2.1　稳定性和持久性

　　PFAS 在环境中具有极高的稳定性，不易降解，可以在土壤、水体和生物体中长期存在，并具有较长的半衰期[12]。PFAS 是一类高度氟化的脂肪族物质。从微观结构上看，PFAS 是以烷基链为骨架，碳链上的氢原子全部或部分被氟原子替代的人工合成有机化合物，碳—氟键（C—F）具有强大的键能。传统意义上的有机物一般是基于碳—氢键（C—H）

骨架，而 PFAS 中很多 H 被 F 取代。因为 C—F 是最稳定的共价化合键之一，所以 PFAS 在酸碱、氧化和高温等条件下都能保持相对稳定，PFAS 在自然中很难被降解，因而被称为"永久化学品"[13]。

1.2.2.2 生物累积性和生物毒性

由于 PFAS 生物降解速率极低，在环境中会逐渐累积，且越在食物链处于顶端的生物，其体内 PFAS 的含量越高。例如，海洋中的藻类和浮游生物中含有的 PFAS 浓度很低，但在鱼类、鸟类等肉食动物体内的 PFAS 含量非常高。这是因为 PFAS 在生物体内被吸收后难以代谢，其累积效应随着食物链等级逐渐升高。PFAS 在生物体内的累积水平高于已知的有机氯农药和二噁英等传统持久性有机污染物数百倍甚至数千倍。

PFAS 是一类具有显著全身多脏器毒性的环境污染物，被人体吸收后，能穿越多重屏障到达几乎所有器官，但主要累积在血液、肝脏和肾脏中[14,15]。欧洲环境署（European Environment Agency，EEA）报告指出，PFAS 与肝肾损伤、免疫毒性、甲状腺疾病等多种健康问题明确相关[14,15]。流行病学研究显示，PFAS 暴露可能导致血脂异常、血管功能障碍、内分泌紊乱，甚至诱发糖尿病[6]。

1.2.3 PFAS 的环境来源

PFAS 自 20 世纪 40 年代左右首次被发现以来，被广泛应用于多个行业，现已成为全球工业和消费产品不可或缺的一部分。PFAS 污染源主要与以下行业相关，包括垃圾填埋、废水处理、消防、含氟化学品制造、纺织、印刷、造纸、金属加工等。

1）废弃的含 PFAS 产品最终进入垃圾填埋场，导致垃圾填埋场是 PFAS 的主要来源之一，且在不同地区垃圾填埋场渗滤液中的 PFAS 浓度变化很大，如垃圾填埋场渗滤液中 PFAS 浓度变化可能在 0.2~45.6 μg/L 波动[7]。随着废物的分解，填埋场中 PFAS 会渗透到地下水和周围的土壤中。

2）与垃圾填埋场类似，污水处理厂的废水中通常含有高浓度的 PFOA、PFOS 和短链 PFAS，且在污水处理厂污泥中，表现出相当高的浓度，如污水处理厂废水和污泥中 PFAS 含量分别为 21~560 ng/L 和 3.2~150 ng/g[16]。

3）水成膜泡沫灭火剂（Aqueous Film Forming Foam，AFFF）可用来扑灭碳氢类燃料引起的火灾，因此常被用于机场和军事的消防演习中，在美国某军事基地的地下水中，检测到 PFAS 的浓度在 0.5~1478 μg/L[17]。

4）含氟化学品及替代品制造设施的排放废水也是 PFAS 的直接来源之一，如在含氟化学品制造厂附近的地表水中，PFAS 的总浓度为 0.35 μg/L，而氟化替代品全氟 2-甲基-3-氧杂己酸（Perfluoro-2-propoxypropanoic acid，PFPrOPrA）的浓度达到了 4.5 μg/L[18]。

5）在纺织、纸张和涂料行业，氟乙烯基聚合物可作为替代品，使 PFOS 含量减少。

然而，PFOS 及其前体物质全氟辛基磺酰胺乙醇基磷酸酯（SAmPAPs）仍然是水污染中主要的 PFAS。

6）在金属电镀行业，含 PFOS 的抑雾剂及其替代品 F53B（6：2 氯代氧杂氟烷磺酸钾）也成了水污染中较为主要的化学物质，在镀铬电镀厂的排出废水中检测到 PFOS 的浓度可达 44.1 μg/L[19]。

1.3　POPs-PFAS 理化性质及使用状况

在 PFAS 众多化合物中，PFOS、PFOA、全氟己基磺酸（Perfluorohexane sulfonic acid，PFHxS）及其盐类（以下简称 POPs-PFAS）分别在 2009 年、2019 年和 2022 年被《POPs 公约》管控（图 1-2）。2023 年 10 月 9 日，POPs 审查委员会第十九次会议（POPRC.19）提出长链全氟羧酸（Long-chain perfluorocarboxylic acids，LC-PFCAs）及其盐类和相关化合物应被视为危险化学品，并列入《POPs 公约》应予消除的化学品清单（附件 A）。预计在未来，LC-PFCAs 也会受到《POPs 公约》管控，加入 POPs-PFAS 家族。根据碳链长度的不同，POPs-PFAS 有长链（C>8）和短链（C 在 4~6）的区分，如 PFOS（C=8）、PFOA（C=8）、LC-PFCAs（C 在 9~21）属于长链 POPs-PFAS，而 PFHxS（C=6）属于短链 POPs-PFAS。无论是长链还是短链 POPs-PFAS，都具有在环境中持久存在的特性。然而，长链 POPs-PFAS 由于其较长的碳链和稳定的化学结构，往往更难被降解，在环境中的滞留时间更长，并且长链 POPs-PFASs 由于其高疏水性和高稳定性，更容易在生物体内累积，通过食物链逐级放大。短链 POPs-PFAS 虽然生物累积性和毒性相对较低，但同样具有在生物体内累积的潜力。

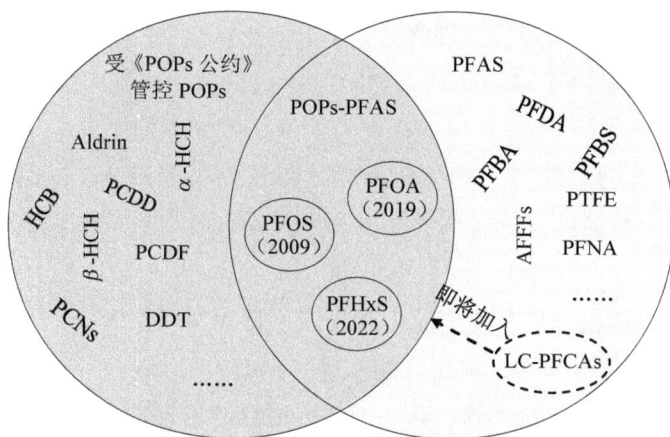

图 1-2　POPs、PFAS 与 POPs-PFAS

1.3.1 长链 POPs-PFAS

1.3.1.1 PFOS 特性

PFOS 是完全氟化的阴离子，以盐的形式被广泛用于多种用途，包括灭火器泡沫和表面抗油、抗水、抗脂或防尘剂。PFOS 及那些与之密切相关的化合物，即包含全氟辛基磺酸杂质或能够形成全氟辛烷磺酸的物质，均为全氟羟基磺酸盐物质大族系中的成员[20]。

PFOS 常温状态下为白色粉末，其相对分子量为 500.13。PFOS 除了可以通过 ECF 法和调聚法制造，还可以通过其他 PFOSF 衍生的含氟化合物的降解形成。PFOS 在 0.8 个大气压下沸点为 192℃，熔点为 54.3℃；蒸气压为 $3.31×10^{-4}$ Pa；$\lg K_{ow}$ 为 5.26。PFOS 钾盐的蒸气压较低，其在常温淡水中的溶解度为 519 mg/L，而在 22℃ 左右的盐水中为 12.4 mg/L。

PFOS 由于其 C—F 的键能较大，达到 486 kJ/mol，被认为是自然界中最难降解的有机污染物之一，在环境中能够持续存在。PFOS 具有生物累积性、高毒性和长距离迁移等特性，是一种典型的持久性有机污染物。PFOS 具有超强稳定性、高表面活性和特殊的疏水疏油性，能够经受强的加热、光照和化学作用以及微生物和高等脊椎动物的代谢作用。

PFOS 的使用很普遍，包括以下领域：电气和电子部件、消防泡沫、照相成像、液压油和纺织品等。PFOS 具有极强的持久性，具有显著的生物累积和生物放大特性，它不像其他持久性有机污染物那样分裂成脂肪组织，而是与血液和肝脏中的蛋白质结合。

2009 年 5 月，《POPs 公约》缔约方大会第四次会议正式将 PFOS 作为新增 POPs 列入《POPs 公约》附件 B（限制）受控清单。

1.3.1.2 PFOA 特性

全氟辛酸及其盐类和相关化合物含义如下[20]：

1）全氟辛酸（CAS No:335-67-1，PFOA），包括其任何分支链异构体；

2）其盐类；

3）就《POPs 公约》而言，相关化合物是指任何可降解为 PFOA 的物质，包括将（C_7F_{15}）C 基团作为直链或支链结构的盐类和聚合物。PFOA、其盐类和相关化合物属于 PFAS 类别。

PFOA 及其盐类和相关化合物广泛用于生产不粘厨房用具和食品加工设备。PFOA 相关化合物包括侧链氟化聚合物，被用作纺织品、纸张和油漆、消防泡沫中的表面活性剂和表面处理剂。目前已在工业废物、防污地毯、地毯清洁液、房屋灰尘、微波爆米花袋、水、食品和聚四氟乙烯中检测到 PFOA。非故意生产的 PFOA 是由城市固体废物中含氟聚合物焚烧不充分，在中等温度下使用开放式焚烧设施所产生的。

PFOA 在环境中显示有高度稳定性和持久性的特征，其独特的性质使其能够进行远距离迁移。这一点在北极等偏远地区的空气、水体、土壤/沉积物以及生物体中的监测数据中得到了充分验证。PFOA 能在呼吸空气的哺乳动物（包括人类）体内累积和放大，同样也会对陆地和水生物种产生不利影响。鉴于 PFOA 对环境和生物体持久性、生物累积性和毒性的影响，其已被明确列为一种高度关注的物质。PFOA 相关化合物释放到空气、水、土壤和固体废物后，最终在环境和生物体内逐渐转化为 PFOA。PFOA 与一系列主要健康问题密切相关，包括但不限于肾癌、睾丸癌、甲状腺疾病、妊娠高血压及高胆固醇等。

1.3.1.3 LC-PFCAs 特性

LC-PFCAs 是碳原子数为 9~21 的长链 PFCAs 及其盐类。作为前体物，PFCA 可能降解或转化为 PFOS。LC-PFCAs 在环境中以持久性和生物累积性闻名，已在地表水和地下水，以及受污染的土壤或水种植的食物中检测到其存在。人体暴露在 PFCA 中会产生多种毒性，影响基因表达，并对甲状腺功能产生破坏。工业生产中，LC-PFCAs 广泛应用于表面活性剂和含氟聚合物的生产中，而且会在碳原子数小于 14 的 PFOS 生产过程中作为副产物生成[20]。

1.3.2 短链 POPs-PFAS

全氟己基磺酸（PFHxS）及其盐类和相关化合物含义如下[20]：

1）全氟己基磺酸（CAS No:355-46-4，PFHxS），包括支链异构体；

2）其盐类；

3）任何包含 $C_6F_{13}SO_2^-$ 结构并可能降解为 PFHxS 的物质。

PFHxS 及其盐类和相关化合物已被用于以下应用：

1）用于消防的 AFFF；

2）金属镀层；

3）纺织品、皮革和室内装潢；

4）抛光剂和清洁/清洗剂；

5）涂层、浸渍/防护（用于防潮、防真菌等）；

6）电子器件和半导体的制造。

此外，其他潜在用途类别可能包括杀虫剂、阻燃剂、纸张和包装、石油工业以及液压流体。PFHxS 及其盐类和相关化合物已用于某些全氟烷基和多氟烷基物质消费品。PFHxS 具有强碳—氟键和抗降解性，因此极其耐化学、热和生物降解，使其在环境中持久存在。根据研究报告显示，土壤、水体以及各类生物群中的 PFHxS 含量呈现上升趋势[20]。人类主要通过日常饮食和饮用水摄入 PFHxS，同时可能通过接触含有 PFHxS 或其前体的灰尘或产品,经呼吸道吸入或皮肤吸收进入人体。继 PFOS 和 PFOA 之后,PFHxS 是全球普通人群血液样本中最常检测到的 PFAS 之一。值得注意的是, PFHxS 可存在于脐带血和母乳中,其中母乳可能是母乳喂养婴儿的重要暴露源,PFHxS 会通过哺乳排出体外。由于 PFHxS 在人体内的消除时间较长,因此饮用水污染会使血清中 PFHxS 水平显著升高,使用饮用水制备食物也会提高食物中 PFHxS 存在的背景水平。

第 2 章　PFOS 的环境污染及毒性

2.1　PFOS 的应用

作为 PFAS 家族最重要的成员之一，PFOS/PFOSF 应用范围广，如表 2-1 所示。

表 2-1　PFOS/PFOSF 的应用[21]

用于以前可接受的目的或特定豁免	PFOS/PFOSF 相关物质	典型使用率
照片成像	FOSA 季铵盐（CAS No:1652-63-7）；PFOS 盐［PFOS-NEt₄ 或 TEA（CAS No:56773-42-3）］聚合物混合物	
用于化合物半导体和陶瓷滤波器的刻蚀剂	PFOS（CAS No:1763-23-1）	
航空液压油	全氟 4-乙基环己磺酸钾（CAS No:67584-42-3）	<0.05%
某些医疗设备［如乙烯四氟乙烯共聚物（ETFE）层和不透射线的 ETFE 生产、体外诊断医疗设备和电荷耦合元件（CCD）彩色滤光片］	PFOS（CAS No:1763-23-1）	一次测量：CCD 滤波器为 150 ng
泡沫灭火剂	PFOS（CAS No:1763-23-1）	0.5%～6%；欧洲 24 种 AFFF 浓缩物中全氟辛基磺酸含量<0.01 mg/L（2014—2016 年）；AFFF 废物中全氟辛基磺酸含量<6%
半导体和液晶显示器（LCD）行业的照片掩模	PFOS（CAS No:1763-23-1）	

用于以前可接受的目的或特定豁免	PFOS/PFOSF 相关物质	典型使用率
金属镀层（硬金属镀层），闭环系统除外	PFOS 盐：PFOS-NEt₄ 或 TEA（CAS No:56773-42-3）；PFOS-K（CAS No:2795-39-3）；PFOS-Li（CAS No:29457-72-5）；2,2'-亚氨基二乙醇（CAS No:70225-14-8）	0.03%～0.08%
金属镀层（装饰镀层）		
控制红火蚁和白蚁的杀虫剂	见持久性有机污染物农药技术指南	
化学驱动的石油生产	PFOS（CAS No:1763-23-1）；全氟辛基磺酸四乙基铵；全氟辛基磺酸盐钾	
地毯	以 EtFOSE（N-乙基全氟辛烷磺酰胺乙醇）为原料的丙烯酸酯/甲基丙烯酸酯/己二酸酯/氨基甲酸酯共聚物	高达纤维重量的 15%
皮革和服装	以 EtFOSE（N-乙基全氟辛烷磺酰胺乙醇）为原料的丙烯酸酯/甲基丙烯酸酯/己二酸酯/氨基甲酸酯共聚物	
纺织品和室内装潢	以 EtFOSE（N-乙基全氟辛烷磺酰胺乙醇）为原料的丙烯酸酯/甲基丙烯酸酯/己二酸酯/氨基甲酸酯共聚物	纤维重量的 2%～3% PFOS 低于检测限
纸张和包装	EtFOSE 的单、二或三磷酸酯；N-甲基全氟辛烷磺酰胺乙醇丙烯酸酯（共）聚合物	基于纸张干重的 0.1%～1.0%
涂料和涂料添加剂	PFOS-盐：PFOS-K（CAS No:2795-39-3）；PFOS-Li（CAS No:29457-72-5）；2,2'-亚氨基二乙醇（CAS No:70225-14-8）；PFOS-NH₄（CAS No:29081-56-9）；N-乙基-N-［（十七氟辛基）磺酰基］；甘氨酸钾（CAS No:2991-51-7）	0.01%～0.05%
橡胶和塑料	PFOS（CAS No:1763-23-1）	

注：全氟辛基磺酸及其盐类的用途（包括 SC-9/4 号决定已不再允许的用途）。

2.2　PFOS 的环境来源及污染

2.2.1　PFOS 的环境来源

PFOS 在工业和生活中广泛应用。含有 PFOS 的消费产品在日常使用和最终处理过程中，会通过各种排放途径和泄漏进入环境，其释放贯穿产品生产、运输、存储、销售、使用和废弃的全过程。

1）在产品的生产、运输、存储和销售过程中，存在 PFOS 的排放和泄漏。例如，在生产纺织品、皮革制品等表面防污处理剂时，PFOS 作为生产原料会被大量使用，而这些过程中产生的废水和废气如果未经处理直接排放，就会将 PFOS 带入环境中；在运输过程中，如果包装破损或泄漏，含有 PFOS 的产品则会污染沿途的环境；在存储和销售过程中，产品如果未能妥善管理，则也可能导致 PFOS 的排放和泄漏。

2）在产品的使用过程中，PFOS 可能会通过废水、废气等排放到环境中。例如，在使用含有 PFOS 的纺织品、皮革制品等时，这些产品可能会因为磨损、洗涤等而释放出 PFOS。

3）在产品废弃后，相关产品如果未经妥善处理，如直接丢弃或焚烧等，则会将 PFOS 带入环境中。而在废弃物的处理和处置过程中，也可能导致 PFOS 的释放，如在垃圾填埋场渗滤液和污水处理厂生物固体的样品中，都能检测到 PFOS 的存在。另外，电子废物处理厂和存储填埋场会释放出含 PFOS 的废水，而大多数污水处理工艺对 PFOS 的处理效率有限，废水出水存在 PFOS 残留，导致地下水、土壤和空气受到污染，进而影响河流、湖泊和农田[22]。垃圾填埋场、垃圾焚烧发电厂和污水处理厂是 PFOS 进入环境的重要来源，渗滤液、粉煤灰和底灰成为 PFOS 的主要载体[23]。

2.2.2　PFOS 的环境污染

PFOS 可直接释放到大气、水体和土壤等环境介质中，造成环境污染；或者 PFOS 前体物在溶解、挥发、迁移和扩散等过程中进入大气、土壤和水体环境，最终也会转化为 PFOS。因为 PFOS 具有持久性和长距离迁移性质，所以其在各种环境介质广泛存在，并通过生物累积性和生物放大性，在生物体内累积，在食物链中传递（图 2-1）。目前，在环境介质、人体和动物体内均能检测出 PFOS。

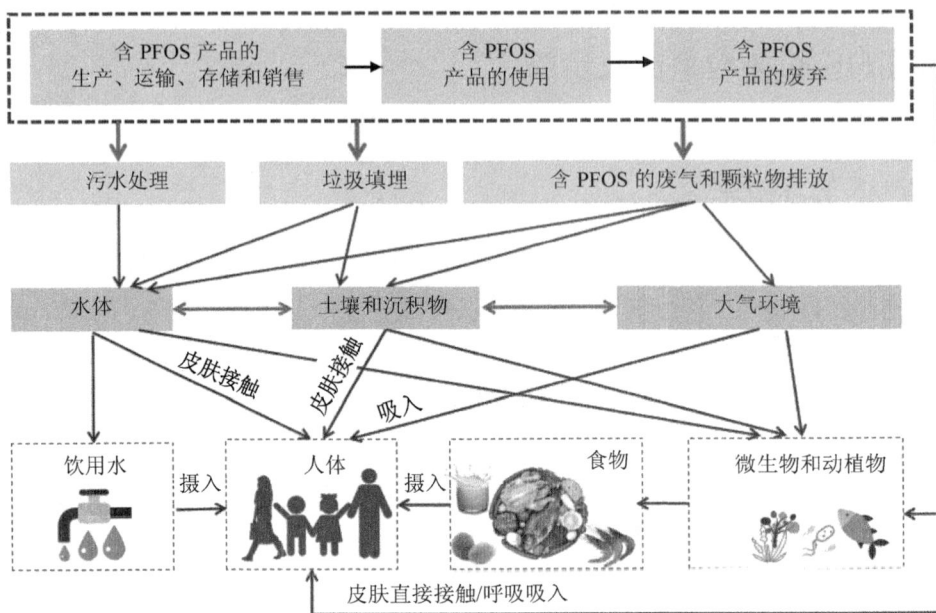

图 2-1 PFOS 的环境来源和归趋

2.2.2.1 水体中 PFOS 的污染水平

PFOS 能在水体中长期存在，造成海域、地表水、地下水甚至饮用水等的污染。目前研究表明，国外水体 PFOS 的检测浓度排序为地表水和地下水＞饮用水＞海域。例如，日本东京地下水与泉水中的 PFOS 检测浓度在 0.28～133 ng/L[24]；欧洲范围内，地下水中 PFOS 的检出率为 48%，其最大浓度和平均浓度分别为 135 ng/L 和 4 ng/L[25]；日本大阪 14 个自来水厂源水和出厂水中的 PFOS 检测浓度分别为 0.26～22 ng/L 和 0.16～22 ng/L[26]；而北大西洋和大西洋中部海域中 PFOS 的检测浓度分别为 8.636 pg/L 和 13～73 pg/L[27]。

全氟类化合物产品在我国广泛使用，因此目前在许多河流、海域中均能检测到 PFOS，PFOS 含量总体趋势呈现：地表水＞地下水＞海域＞饮用水。我国部分地区地面水中的 PFOS 平均浓度为 2.07 ng/L，地下水和渤海湾大连地区海水中的 PFOS 平均浓度分别为 1.61 ng/L 和 0.83 ng/L[28]。河水 PFOS 污染水平与流域内人口密度、工农业活跃程度有关，而海水表面微层对 PFOS 有明显的富集作用。

饮用水主要来源于地表水和地下水，我国 70%的地区以地下水作为主要饮用水源。地下水中 PFOS 的主要来源为垃圾渗滤液、生活污水、地表水渗透等，整体浓度较低，且与检测地工业水平相关。天然水体中的悬浮颗粒物上可能存在 PFOS，因此在管网输配过程中存在 PFOS 累积和释放的风险。我国大部分城市的居民自来水中 PFOS 浓度很低，平均浓度在 0.3～0.8 ng/L，只有个别城市 PFOS 和 PFOA 的总浓度远超美国国家环境保护局（EPA）2016 年发布的非强制执行的健康建议值 70 ng/L[29,30]。研究表明，饮用水对中国 PFOS 每日总摄入量的相对贡献约为 12%，中国 PFOS 的健康建议值为 47 ppt[①][31]。考虑到饮用水暴露途径的潜在健康风险，我国最新发布的《生活饮用水卫生标准》（GB 5749—2022）中的水质参考指标增加了 PFOS 指标，限值为 40 ng/L，该标准于 2023 年 4 月 1 日起施行。

2.2.2.2　大气中 PFOS 的污染水平

大气中同样存在 PFOS 污染。例如，在南非和德国海域上方采集的空气样本中，PFOS 平均浓度为 2.5 pg/m³[32]；美国俄亥俄州和北卡罗来纳州 2008 年有关室内灰尘的研究发现，PFOS 在 95%的样品中被检出，是颗粒物和灰尘样品中的污染物之一，其浓度中位数为 201 ng/g 灰尘，最大浓度甚至达到 12100 ng/g 灰尘[33]；澳大利亚、美国和英国等七国有关家庭、汽车、教室和办公室内的灰尘样品的研究表明，家庭、汽车和办公室内的 PFOS 浓度显著高于教室内[34]。我国城乡地区的大气样本中也发现存在 PFOS[35]。

2.2.2.3　淤泥/沉积物中 PFOS 的污染水平

河流、湖泊和海洋底部广泛分布的沉积物为地球表层生态和地质环境系统中的有机组成部分，是水体多种营养物质、污染物的"源"和"汇"，也是众多污染物迁移转化的载体、归宿和累积库。

PFOS 在国内外海底和河底淤泥中均有检出。例如，美国佛罗里达州的萨拉索塔湾地区和弗吉尼亚州查尔斯顿海港的海底淤泥中，全氟化合物的浓度小于 0.01～0.4 ng/g 湿重[36]；我国东北大辽河水系中的淤泥样本，以及上海和广州河流的底泥沉积物均有 PFOS 检出，浓度范围<LOQ[②]～0.37 ng/g[37,38]。在淤泥中，盐分是影响 PFOS 在泥-水界面分配及其转运去向的重要因素，当盐分从 0.18 提高到 3.31 时，泥-水分配系数则从 0.76 提高到了 4.70[39]。

2.2.2.4　食品中 PFOS 的污染水平

食品是 PFOS 进入人体的主要途径之一，人们日常摄入多种食品，因此普遍存在一定的 PFOS 暴露风险。奶制品、肉类、蔬菜和水产品等各类食物中均被检测出含有微量 PFOS。研究显示，鸡蛋样本中至少检出 10 种 PFAS 物质，其中 PFOS 的检出率排名第四[40]。相较于非污染地区，工业污染区鸡蛋中 PFOS 的污染水平更高。肉类食品中也普遍存在 PFOS 的污染，不同种类动物的肉类污染水平有所不同，如在山东、内蒙古、新疆、四川和宁夏等五个羊肉主产区的 250 份样品的调查研究中，PFOS 为含量最高的 PFAS 类物质[41]。水产品中 PFOS 的污染水平较高，是人类在食品中接触 PFOS 的主要来源之一。在以浮游植物为食的两种贝类样品中，PFOA 含量高于 PFOS，而其他海产品中 PFOS

---

① 用于表示极低浓度的单位，1 ppt = 1 ng/kg = 1×10⁻³ μg/kg = 1×10⁻⁶ mg/kg。
② LOQ：limit of quantitation，定量限。

则是检出率最高的 PFAS 类物质。同时，研究发现动物肝脏中 PFOS 暴露水平高于肌肉组织[42]。另外，有研究对市场上流通的奶粉类乳制品进行了相关 PFAS 测定，结果显示奶粉中 PFOS 的检出率最高[43]。

2.2.2.5　生活用品中 PFOS 的暴露水平

食品接触材料中存在的 PFOS 暴露分为两类：一类是为了提高食品接触材料性能或功能而故意使用含有 PFOS 或其前体化合物的物质，如涂层、表面处理剂、添加剂等；另一类是生产过程、原料污染、储存条件等因素导致含有 PFOS 或其前体化合物的物质残留或杂质。目前，食品接触材料中最常见的含有 PFOS 或其前体化合物的物质是全氟辛基磺酰胺（Perfluorooctane sulfonamide，PFOSA）。PFOSA 是 PFOS 的主要前体化合物之一，它可以在体内或环境中转化为 PFOS。PFOSA 通常用于制造防水和防油的纸和纸板包装材料，如微波爆米花袋、糕点盒、快餐包装等，食品接触材料中的 PFOS 随即迁移到食品中。PFOS 通过饮食进入人体，对人体健康造成威胁。虽然被污染的食品接触材料中的 PFOS 含量不高，但 PFOS 的半衰期很长，长期摄入会积累在体内，产生慢性毒性。目前已有报道证实一次性纸杯在盛装低浓度酒精饮料及油脂类液体时，纸杯中的 PFOS 更容易溶出[44]。

2.2.2.6　人体中 PFOS 的暴露水平

人体可通过饮用水、灰尘、室内空气以及膳食等多种途径摄入 PFOS，其中饮食是重要途径，如人体血液中 PFOS、PFOA 以及一些长链 PFASs 的含量水平与食物（牛肉、贝类和鱼类等）污染水平有关。目前，PFOA 和 PFOS 是人体血液和母乳中主要检测出的 PFAS 类物质，母乳中 PFAS 的平均浓度可达 70～304 ng/L[45-47]。人体 PFASs 的含量水平也受点源的影响，且不管有无职业性暴露，人体内血清均可检出 PFOS，当然氟化工厂附近青少年血清中的 PFASs 浓度水平（845 ng/mL）远高于普通人群[48]。

2.3　生物体内 PFOS 的吸收、分布、代谢和排出

2.3.1　生物体内 PFOS 的吸收

人体吸收 PFOS 的途径主要有饮食摄入（占 90%），以及空气吸入和皮肤接触（占 10%）（图 2-2）。除此之外，PFOS 还能通过胎盘屏障传递，如孕期子代肝脏和血清中的 PFOS 浓度与亲代暴露剂量呈正相关。对于鱼类而言，鳃具有较大的表面积，对 PFOS 的吸附能力强，鳃的呼吸作用是鱼类摄取 PFOS 的重要途径[49]。

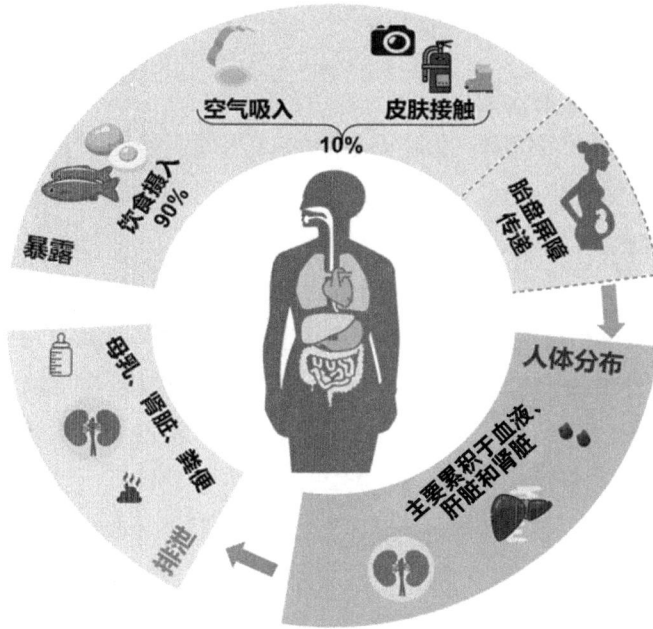

图 2-2　PFOS 的人体暴露方式、分布位置及排泄情况

2.3.2　生物体内 PFOS 的分布

PFOS 被生物体吸收后，通过血液、淋巴液和其他体液的流动分散到肝脏、肾脏、肺部、肾上腺等器官、组织及细胞中，产生不同程度的毒性作用。PFOS 在血液、肝脏和肾脏中浓度较高，在脑组织中浓度低，其异构体在生物体内的分布也存在差异。

进入生物体血液中的 PFOS 仅少量呈游离态，大部分与血浆蛋白结合，随着血液到达所有的组织和器官。PFOS 通过具有高度多孔性的血窦进入肝脏，几乎任何小于蛋白质分子的离子或分子均能从血液中进入肝细胞外液[50]。一方面，PFOS 的疏水性和 K_{ow} 较高，因而其在肝脏中的浓度相对较高；另一方面，肝细胞的质膜是一类脂质膜，虽然其孔比血窦稍小，但其通透性大于其他组织的质膜，因此肝脏具有接纳大量 PFOS 的能力，进一步增加了 PFOS 在肝脏中的浓度。而生物体血脑屏障具有较少的膜通透性，能够阻止 PFOS 由血液进入脑组织，使 PFOS 在生物体脑组织中的浓度相对较低。PFOS 存在多种异构体，各异构体在不同器官检出的比值大小顺序为直链＞单甲基直链＞二甲基支链[51,52]。

2.3.3　生物体内 PFOS 的代谢和排出

2.3.3.1　生物体内 PFOS 的代谢

PFOS 具有极高稳定性和独特的疏水疏油性，在高温、光照和生物代谢活动的作用下也难以分解。在绝大多数生物体内，PFOS 几乎没有办法通过代谢方式降解排出，只有部分细菌具备生物降解 PFOS 的能力。

PFOS 降解的核心作用为脱氟，根据微生物对有机物的转化机制可分为有氧脱氟和无氧脱氟两种。从热力学角度来说，PFOS 含有大量能量，可以为微生物的生存提供能量。阳离子氟化表面活性剂的水溶液在有氧和厌氧条件下均可以发生生物降解，在好氧条件下，PFOS 可被绿脓杆菌降解[53]；在厌氧条件下，PFOS 可被酸微菌生物降解[25]。

2.3.3.2　生物体内 PFOS 的排出

基于 PFOS 的动物实验的调查结果显示，PFOS 的肠道吸收率较高，但排出速度非常慢，且尚未有研究表明 PFOS 在生物体内能够发生进一步降解和代谢。例如，口服 PFOS 的大鼠通过尿液排出 PFOS 的量高于粪便，尿液是 PFOS 的主要排泄途径[42]，但 24 h 总排泄量仅为摄入量的 2.6%～2.8%。因此，PFOS 将持久累积在生物体内，产生毒性效应。

针对人体的取样调查结果显示，经口暴露的 PFOS 通过肝脏循环被人体吸收，其浓度在血液中迅速达到峰值。被吸收后，主要积聚在人体的肝脏、肾脏和血液中，与人血清白蛋白和低密度脂蛋白结合，虽不易穿过血脑屏障，但可经胎盘转移到胎儿体内。体内游离的 PFOS 主要经过肾小球过滤和肾小球转动，转移进入尿液。血浆中的 PFOS 则通过肾小管的近曲小管上皮细胞主动转运进入肾小管腔，并随尿液排出，一部分 PFOS 可以通过肝脏主动转运，进入胆汁，随粪便排出，然而大约 97% 的 PFOS 会在胃肠道被重新吸收。对于女性而言，母乳和经血也是 PFOS 的额外消除途径。PFOS 在人体血清中的平均消除半衰期为 5.4 年，每个消除半衰期内肾脏对 PFOS 的清除量约占体内 PFOS 总量的 1/5。由此可见，PFOS 在人体内的排出相当缓慢，半衰期较长，通常以年为单位[54]。

2.4　PFOS 的毒性

PFOS 类有机污染物具有多种毒性，主要表现为神经毒性、肝脏毒性、免疫毒性、生殖发育毒性、致癌性，与疾病的关联，以及与其他污染物的联合毒性等。

2.4.1　PFOS 的神经毒性

大脑是 PFOS 的靶向器官之一。进入血液中的 PFOS 能够通过母体传递，通过胎盘屏障进入胎儿体中，并且跟随血液循环破坏血脑屏障而进入大脑，具有潜在的神经毒性。

对于小鼠而言，长期 PFOS 暴露会影响小鼠的中枢神经系统，也会影响新生小鼠大脑皮层的 AChE（Acetylcholinesterase，乙酰胆碱酯酶）、nAChR-B2（烟碱型乙酰胆碱受体-β2 亚基）和海马体 mAChR-5（毒蕈碱型乙酰胆碱受体-M5 亚型）的表达[55]。大鼠通过食物摄入 PFOS，经过 28 天后，其大脑中海马体区域的多巴胺浓度和代谢发生显著改变，说明 PFOS 对大脑多巴胺系统扰乱可能是 PFOS 神经毒性的一种作用机制。妊娠大鼠暴露在 PFOS 中，至子鼠出生后 35 天，通过检测发现 PFOS 可以在子鼠的大脑海马体组织中累积，并且能够诱导大鼠及其子代的海马体细胞钙离子升高，对神经系统产生影响。若子代大鼠在出生后 35 天内持续暴露于 PFOS，其神经内分泌系统功能将受到干扰，具体表现为神经活性配体-受体相互作用失调及细胞内钙信号紊乱，最终影响子代幼鼠的神经发育。对于斑马鱼仔鱼而言，0～4 mg/L 的 PFOS 暴露能提高游泳基础率，表明 PFOS 对斑马鱼神经行为学产生了毒性影响[56]。

2.4.2　PFOS 的肝脏毒性

肝脏是生物体中重要的解毒器官，也是 PFOS 积蓄最多的靶向器官。多项研究结果表明，PFOS 可引起肝脏细胞氧化应激反应，破坏生物膜系统，对细胞增殖等多种代谢途径产生抑制作用。动物实验结果表明，PFOS 会导致肝脏损伤、肝脏脂肪积累及肝脏重量增加等不良影响。此外，人体组织切片实验和流行性病学调查结果也进一步验证了 PFOS 与肝脏损伤、肝癌的相关性。

例如，对斑马鱼的暴露实验表明，PFOS 高浓度的暴露对斑马鱼肝脏多种氨基酸、丙氨酸、牛磺酸、葡萄糖和部分脂类代谢产生影响，干扰肝脏脂质生物合成及脂肪酸 β 氧化，显著降低斑马鱼肝脏内 ATP 含量，导致肝脏氧化损伤及肝脏脂肪的积累，长期的暴露将最终导致肝细胞实质性损伤。

小鼠的暴露实验表明，PFOS 会显著增加小鼠肝脏重量，还会影响脂质和异生物质转移蛋白和脂质代谢等，导致小鼠肝脏脂肪积累，进而导致肝脏脂肪发生变性。PFOS 还可能影响胰岛素信号传递，进而干扰肝细胞对葡萄糖的摄取能力和肝糖合成速率，导致小鼠空腹血糖不稳。暴露在 PFOS 下的小鼠，肝脏组织切片内的基因组 DNA 总甲基化水平降低，导致基因组的稳定性下降，造成细胞或者生物体肿瘤及其他疾病易感性增加[57]。

其他动物的暴露实验表明，PFOS 对哺乳动物的肝脏毒性作用显著，会造成动物体重下降，肝脏异常肿大，进而导致出现不同程度的肝细胞肥大、肝变性甚至肝细胞坏死[58]。PFOS 也会导致肝脏过氧化物酶增生，肝细胞色素氧化酶、谷胱氨肽过氧化物酶和超氧化物歧化酶活性降低。在部分动物实验体内，还发现 PFOS 会干扰脂肪酸（Fatty Acid，FA）及其他配体与肝脏 FA 结合蛋白（L-type Fatty Acid Binding Protein，L-FABP）的结合能力，影响 FA 的转移和代谢[59]。

PFOS 可激活过氧化物酶，并引发参与细胞周期控制和凋零的基因表达，损伤人类肝脏功能，PFOS 与人体肝细胞损伤标志物丙氨酸氨基转移酶（Alanine aminotransferase，ALT）与谷氨酰转移酶（Gamma-glutamyltransferase，GGT）之间存在显著正相关[60]。此外，PFOS 与肝癌存在关联性，通过对 PFOS 非职业暴露人群调查发现，人体血清 PFOS 浓度与丙型肝炎（Hepatitis C Virus，HCV）阳性肝硬化患者和 HCV 阳性肝癌患者肝脏组织中的 PFOS 存在相关性，血清 PFOS 浓度排序：HCV 阳性肝硬化患者＞HCV 阴性肝癌患者＞HCV 阳性肝癌患者＞对照健康群体[17]。大量研究表明，超过 92%的 0～13 岁儿童体内存在 PFOS 积累，这可能成为青少年糖尿病发病率升高的重要诱因之一。

2.4.3　PFOS 的免疫毒性

免疫系统是对外源性化合物最为敏感的系统之一，在外源性生物的毒性显现之前已经做出了相应的功能改变。根据多项研究结果，PFOS 对免疫器官有严重的损伤作用，会显著降低免疫细胞数量，破坏生物体的免疫功能。

PFOS 会导致小鼠的体重、胸腺指数和脾脏指数降低。胸腺和脾脏均为生物体重要的免疫器官，胸腺作为中枢淋巴器官，为 T 细胞发育成熟提供场所；脾脏是最大的外周淋巴器官，是各类免疫细胞居住的场所，也是抗原物质产生免疫应答及产生免疫效应物质的重要基地。小鼠脾细胞和胸腺细胞数量会随 PFOS 剂量的增多而降低，这表明 PFOS 对生物体可产生免疫抑制效应。

T 淋巴细胞中的 $CD4^+T$ 和 $CD8^+T$ 淋巴细胞的失调是许多疾病的主要表现特征。小鼠在被 PFOS 连续染毒 7 天后，会导致脾脏和胸腺中的 $CD4^+T$ 和 $CD8^+T$ 淋巴细胞的绝对数量和百分比显著下降，并会抑制淋巴细胞的增殖功能，降低 IgM-B 细胞分泌功能和血清中抗体 IgM 水平，且变化趋势会随染毒剂量的增加而更显著[61]。

PFOS 也会降低自然杀伤细胞（Natural Killer Cell，NK 细胞，人体重要免疫细胞）的细胞活性和巨噬细胞的活化功能[62]，抑制 Th1 细胞因子 IL-2 和 IFN-γ 的分泌水平，提高 Th2 细胞因子 IL-4 和 IL-10 的表达，破坏脾脏中 Th1 和 Th2 之间的平衡，并倾向于向 Th2 状态转变。巨噬细胞和 NK 细胞作为参与非特异性免疫的免疫细胞，在生物体内起到消除各种异物、杀伤病原体和肿瘤细胞等非特异性免疫的作用。因此，PFOS 可导致 TNF-α、IL-4 和 IFN-γ 等细胞因子分泌紊乱，体液免疫增强，细胞免疫减弱，最终导致生物体的非特异性免疫功能降低，无法稳定地对各种外来异物产生迅速有效的免疫应答。因此，PFOS 会从免疫器官、免疫细胞和细胞因子等多方面干扰免疫系统，引起免疫器官萎缩，影响 T 淋巴和 B 淋巴细胞的发育，并导致细胞因子分泌紊乱，破坏体内的免疫平衡状态，产生免疫毒性作用。

流行性病学调查研究显示，PFOS 血清浓度会使成年男性风疹抗体与儿童免疫接种的抗体浓度降低。例如，挪威母婴队列、法罗群岛出生队列、美国国家健康和营养检查调查等多地的调查结果显示，PFOS 的血清浓度会直接导致儿童风疹抗体浓度降低，也会导致儿童白喉抗体和破伤风抗体水平降低[63]。即使儿童发育至 13 岁，血清 PFOS 浓度与破伤风抗体、腮腺炎抗体和白喉抗体仍呈现负相关关系。PFOS 的暴露浓度越高，儿童发烧的频率也会提高，且导致儿童肠胃炎发作次数、感冒发作次数、总感染性疾病的风险增加[64]。此外，PFOS 也会引起免疫系统的不适当激活，导致过敏、哮喘等过敏性疾病或者自身免疫性疾病发生。

2.4.4　PFOS 的生殖发育毒性

对大鼠的 PFOS 暴露实验发现，PFOS 损伤雄性大鼠精子形成和成熟过程，导致体重、睾丸重量下降，精子畸形率升高，活动率降低，这与 PFOS 影响睾丸线粒体功能和能量供应不足有关。此外，PFOS 还通过脂质过氧化物直接损害生殖细胞，并干扰其生殖细胞内的能量代谢。怀孕大鼠 PFOS 暴露会导致子代宫内发育迟缓，存活率下降，可能增加子代成年期糖尿病、高血压及其他代谢性疾病的发病率，并增加子代大鼠罹患代谢疾病的风险。

斑马鱼暴露在 PFOS 中，外周血中肾上腺酮含量升高，雌性发情周期延长，胚胎细胞膜损伤，细胞会发生自溶而导致卵凝结死亡，原肠胚形成及胚胎发育被抑制，最终导致畸形和死亡。

流行病学调查显示，脐血中 PFOS 的浓度越高，儿童出生体重和新生儿脂肪率越低。以西班牙儿童与环境（INMA）出生队列研究结果为例，母亲血浆中 PFOS 浓度增加可致使胎儿发病率增加；我国唐山市妇女儿童医疗保健中心开展的研究显示，PFOS 的暴露水平可能会干扰脐血中雌三醇对出生体重的正常调节[59]。挪威涉及 903 名孕妇的横断面调查研究发现，PFOS 浓度会影响促甲状腺激素（Thyroid Stimulating Hormone，TSH）分泌；母亲血清和脐血中的 PFOS 会干扰对胎儿及儿童生长发育至关重要的甲状腺激素（Thyroid Hormone，TH）的分泌，进而可能对胎儿和儿童的成长发育产生不良影响[65]。

综上所述，PFOS 暴露对动物及人类的生殖系统具有显著的负面影响。一方面，PFOS 能够干扰生殖系统的正常功能，降低生殖细胞的质量；另一方面，PFOS 会干扰性腺功能和激素水平，最终影响动物和人类后代的出生、发育与成长。

2.4.5　PFOS 的致癌性

动物和细胞实验显示，PFOS 暴露主要引起肝细胞肿瘤。流行病学研究表明，PFOS 暴露可能与乳腺癌、肾癌、膀胱癌、前列腺癌等风险升高相关。

PFOS 暴露与动物癌症风险密切相关。用 PFOS 喂养大鼠，导致大鼠莱迪希细胞瘤

（Leydig Cell Tumor）、乳腺纤维肿瘤和卵巢增生的概率增加[27]。实验揭示，PFOS 暴露增加骨髓基质细胞、肝细胞、甲状腺和乳腺肿瘤的风险，影响过氧化物酶体增殖物激活受体（Peroxisome Proliferators-Activated Receptors，PPARs），干扰脂肪酸氧化相关酶分泌，加剧肝脏氧化应激，降低组蛋白乙酰化，提高肝细胞瘤化风险。斑马鱼实验显示 PFOS 会促进雄性肝脏肿瘤发展，增加肝癌风险，其通过降低维生素 D 活性、促进肿瘤增殖，并调节肝脏脂肪代谢为肿瘤提供能量和物质。

国际癌症研究机构（International Agency for Research on Cancer，IARC）于 2023 年 11 月将 PFOS 列为可能对人类致癌的 2B 类致癌物，指出 PFOS 可能与肝细胞肿瘤有关。美国对 1961—1997 年从事 PFOS 生产至少一年的工人的调查研究表明，职业接触者前列腺癌的死亡率高出对照组 3～13 倍。还有很多研究认为，PFOS 可以抑制机体中许多器官的谷胱甘肽过氧化氢酶活力，导致机体自由基产生和消除的平衡失调，从而引起氧化损伤，直接或间接地损害遗传物质，进而引发肿瘤。

2.4.6　PFOS 与疾病的关联

PFOS 环境暴露与血脂浓度之间存在密切的关系，会增加高胆固醇血症、甲状腺和心脑血管疾病发病的风险。

2.4.6.1　PFOS 与高胆固醇血症的关联

流行病学研究显示，PFOS 暴露增加了高胆固醇血症的发病风险，影响总胆固醇和低密度脂蛋白水平，且这一效应在儿童、青少年和成年人中均存在[66]。对于胰岛素水平，青少年中 PFOS 浓度与胰岛素相关指标无显著关联，但在成年人中则呈正相关。PFOS 与体重指数和腰围的关系因性别和年龄而异，也可能与脂类代谢有关[67]。动物实验也支持 PFOS 导致高胆固醇血症的结论，其作用机制可能涉及肝脏胆固醇代谢、肠道胆固醇吸收和脂蛋白代谢等多个途径。

2.4.6.2　PFOS 暴露对甲状腺功能影响

PFOS 暴露影响甲状腺功能，破坏甲状腺激素稳态，干扰生长发育及新陈代谢。PFOS 与 TSH、TH 水平存在关联，但具体影响因人群和暴露水平而异。例如，Tsai 等[65]对 118 对母婴样本的研究发现，男婴组脐带血清 PFOS 浓度与 TSH 水平呈正相关，与血清游离甲状腺素（FT4）水平呈负相关；Aimuzi 等[68]对 568 名行剖宫产孕妇脐带血清中的相关指标进行分析，结果显示 TSH 水平随着 PFOS 浓度的增加而降低。

PFOS 可能通过抑制碘摄取和甲状腺过氧化物酶活性，影响甲状腺激素的合成和分泌，从而增加甲状腺疾病风险。尽管部分研究未发现 PFOS 与甲状腺疾病直接相关，但 PFOS 在甲状腺组织中的存在和与血清浓度的正相关关系提示其存在潜在影响，不容忽视。

2.4.6.3　PFOS 暴露与心脑血管疾病的关联

PFOS 暴露与心脑血管疾病之间的关系存在争议。部分研究显示，PFOS 与缺血性心脏病无直接关联，例如，对美国普通人群中 PFOA 暴露的横断面研究发现，PFOA 暴露与 20 岁以上参与者缺血性心脏病（冠心病、心绞痛和心脏病）没有关系[69]。但其他研究则指出 PFOS 与心血管疾病、高血压、冠心病和中风等风险增加有关[70]。尤其是，PFOS 与尿酸含量呈正相关，可能会增加高尿酸血症和心脑血管疾病的风险。

2.4.7　PFOS 与其他污染物的联合毒性

PFOS 的生物毒性固然是科学家关注的焦点，但现实环境中的 PFOS 往往并非单独存在，而是与其他污染物共存，这些污染物之间可能产生复杂的联合毒性效应，对生物体和生态系统造成更为严重的威胁。PFOS 不仅具有单一的生物毒性和应激效应，当它与其他污染物形成复合污染时，还可能表现出加和、协同或拮抗等不同作用。这些联合毒性效应的具体表现还会因作用对象、污染物浓度比例的不同而有所差异。目前，PFOS 的联合毒性研究主要聚焦于 PFOS 与 PFOA 的交互作用，以及 PFOS 与其他有机污染物对生物体的综合影响。

2.4.7.1　PFOS 和 PFOA 对生物的联合毒性

PFOS 与 PFOA 对鱼、大鼠和耐受性高的细菌等生物的联合毒性研究显示，PFOS、PFOA 与大肠杆菌接触会与其细胞界面的疏水点位结合，干扰生物分子，影响细胞代谢，引发氧化损伤，进而损害 DNA、细胞膜，并可能导致细胞死亡。

2.4.7.2　PFOS 与其他有机污染物对生物的联合毒性

PFOS 主要来源于工业生产以及农业活动，对一些工厂周围分布着农业用地的工农业用地混合区域而言，往往会形成多种有机污染物与 PFOS 之间的联合污染。例如，农业活动中的多氯联苯、二噁英与 PFOS 可以形成大面积的复合污染。PFOS 与其他有机污染物共存时，无论单一有机污染物的毒性程度如何，PFOS 的存在都会改变共存污染物的表观毒性[71]。

PFOS 对生物体的毒性主要机制：高浓度的 PFOS 会显著增加细胞膜的通透性，刺激细胞内活性氧自由基的产生，从而引起其他生物大分子的脂质过氧化损伤；而当 PFOS 与其他有机污染物共存时，PFOS 凭借较强的疏水疏油性质，对细胞膜产生破坏，改变细胞膜的通透性，从而影响细胞对其他有机物的摄取[72]。

第3章 PFOS管控的国内外政策导向

3.1 世界各国/组织对PFOS采取的限制行动

3.1.1 《POPs公约》对PFOS的管控、豁免及使用的规定/指南

3.1.1.1 对PFOS的管控

2019年《POPs公约》缔约方大会第十一次会议删改了大部分PFOS/PFOSF的可接受用途和豁免用途。《POPs公约》规定，除报告秘书处按照可接受用途计划或特定豁免用途生产和使用PFOS/PFOSF的缔约方外，所有缔约方均应停止生产和使用该类物质。如有缔约方决定按照可接受用途生产或使用该类物质，应通知秘书处，将信息增列于可接受用途登记簿。可接受用途仅为农业生产中，使用氟虫胺控制切叶蚁；特定豁免则涉及闭环系统的金属电镀（硬金属电镀）、已安装的移动或固定系统中的灭火泡沫。

3.1.1.2 《POPs公约》对PFAS可接受用途或特定豁免的最佳可行技术指南

对于一些仍要以可接受用途或特定豁免的方式继续使用PFAS的缔约方，《POPs公约》中的附件C第五部分给出了最佳可行技术的一般性指南。

（1）预防性措施

生产和使用的缔约方可以适当采取以下预防性措施：

1）采取低废技术；

2）使用对环境和人体健康风险较小的物质；

3）对生产环节产生的废弃物进行回收和循环再利用；

4）若生产原料属于POPs或与POPs排放相关，可替换生产原料；

5）对厂区有良好的规划和管理，对故障或检修做好预案，防止泄漏；

6）优化废弃物的处置方案，尽量取缔露天焚烧或填埋处理；

7）对污染物实施减量化，优化生产工艺，减少POPs的产生。

缔约方在选择和应用预防性措施时，应综合评估以下因素：

1）技术可行性：替代技术或物质的成熟度、适用范围及本地化适配能力；

2）经济成本效益：短期投入与长期环境、健康收益的平衡；

3）全生命周期影响：替代物质从生产、使用到废弃的全周期环境风险；

4）社会接受度：利益相关方（如企业、社区）对技术变革的接受与协作意愿；

5）阶段性目标：分阶段实施路径与时间表，确保平稳过渡；

6）监测与改进：建立预防措施效果追踪机制，持续优化技术方案。

（2）减排性措施

生产和使用的缔约方可以适当采取以下减排性措施：

1）使用改进过的废气净化技术，如热氧化或催化氧化等；

2）对废水、废物进行处理时，可采用热处理方式、降低或消除其毒性的化学方法；

3）减少或消除生产环节中的污染物排放，如采用封闭系统进行生产；

4）优化生产流程，更好地控制与污染物生成相关的参数，以减少污染物的生成。

对于不可避免产生的污染物，要考虑的一般因素如下：

1）排放污染物的性质、规模和影响；

2）采用可行性环保技术所需时间；

3）生产环节中消耗原材料的规模和性质，以及能源利用效率；

4）预防或减少相关物质排放对环境的总体影响和风险；

5）意外事故导致的不可控排放对环境和人体健康产生的不利影响；

6）规模相近且成功应用的生产工艺、设施和技术；

7）科学技术方面的进步。

3.1.1.3　《POPs 公约》关于 PFOS 的使用技术和环境指南

在灭火泡沫行业，PFOS 的替代品主要有两类，一类是短链氟碳化合物泡沫灭火剂，另一类是无氟泡沫灭火剂[73]。一方面，由于短链氟碳化合物泡沫灭火剂具有一定生物累积性，同时对环境和人体健康仍然存在风险，因此 POPs 审查委员会认为在灭火泡沫行业中用短链有机物替代 PFOA、PFOS 时机尚不成熟。另一方面，目前无氟泡沫灭火剂的性能不够理想。为保证环境保护和经济发展之间的平衡，有必要继续在该行业继续使用该类物质，因此特定豁免了 PFOA 和 PFOS 的灭火泡沫用途。该特定豁免仅适用于使用已安装的移动式或固定式的消防装置，不适用于灭火泡沫的继续生产用途。

在使用含有 PFOA 或 PFOS 灭火泡沫期间，不得将其用于灭火培训；如不能控制全部的 PFOA 或 PFOS 的排放，不得将其用于灭火测试；2022 年年底前，含有 PFOA 或 PFOS 的灭火泡沫只允许在完全可以控制该类物质的场地使用（含有 PFAS 的灭火泡沫最迟禁止时间不超过 2025 年）。同时在使用含 PFOA 或 PFOS 的消防泡沫时，消防人员应佩戴防护措施，如防护服或呼吸器等。

在农业生产中，经常用氟虫胺来控制切叶蚁，为减少该物质对环境和人类健康造成不利影响，应采取减少农药用量、避免不必要的喷洒、严控使用剂量等措施。同时，定期对土壤和周边的环境介质氟虫胺的残留或扩散情况进行严格管理，以确保使用该物质不会对环境、生态系统以及人类健康造成危害。

除此之外，为了加快淘汰 PFAS 的使用，与 PFAS 相关的行业都应积极优化生产环节和研发替代品，尽量降低对相关污染物的依赖。

3.1.2 POPs 审查委员会对 PFOS 的风险管理评价

3.1.2.1 PFOS 风险管理评价

2007 年 11 月，POPs 审查委员会第三次会议审议通过了 PFOS 风险管理评价文件（UNEP/POPS/POPRC.3/20/Add.5）。该文件中详细阐述了 PFOS 的用途以及使用情况，同时各缔约方和观察员将 PFOS 的用途分为三类，并进一步讨论各类用途可能的替代品。其中，A 组为某些用途上可能没有技术上可行的替代品；B 组为某些用途可能具有替代性物质或技术，但需逐步替代；C 组为发达国家存在替代品的用途[74]。

同时，文件强调，在使用其他化学品或替代系统取代 PFOS 相关物质时，必须考虑技术可行性、成本（包括环境成本和健康成本）、功效、风险、可行性和可得性六方面。

3.1.2.2 有关 PFOS 及其衍生物的替代品的指导文件

（1）《持久性有机污染物和候选化学品的替代品和替代物有关事项的一般性指导原则》

2009 年 10 月，POPs 审查委员会第五次会议审议通过了该文件（UNEP/POPS/ POPRC.5/10/Add.1）。该文件旨在建立一套分析流程，以替代那些在列的 POPs（包括 PFOS）和候选化学品的产品[75]。首先，收集与化学品用途和排放有关的信息；其次，识别潜在的替代品，并从替代品的可得性、技术可行性、可用性和有效性四方面对其进行评估；再次，对替代品的相关风险进行评估，包括持久性、生物累积性、长距离迁移能力以及生物毒性等方面；最后，从社会效益和经济效益两方面再次对替代品进行综合评估。

（2）《关于 PFOS 及其衍生物替代品的指导文件》

2010 年 10 月，POPs 审查委员会第六次会议审议通过了该文件（UNEP/POPS/ POPRC.6/13/Add.3）。该文件旨在总结当前关于 PFOS 及其衍生物和替代品的情况，并加强发展中国家和经济转型期国家逐步淘汰 PFOS 的能力。该文件首先介绍了 PFOS 及其衍生物的特性，包括 PFOS 名单、PFOS 性质，PFOS 及其衍生物的生产和消费情况；其次介绍了各行业中可以替代 PFOS 的替代品；最后对各种替代物质的特性和危害进行了评估[76]。

该文件在 2014 年 10 月 POPs 审查委员会第十次会议中被纳入了 PFOS/PFOSF 的替代品评估报告以及确定和评估其替代品的技术文件资料。

（3）《关于 PFOS 及其相关化学品替代品的指导文件》

2016 年 9 月，POPs 审查委员会第十二次会议审议通过了该文件（UNEP/POPS/POPRC. 12/5），决定利用指导文件中的资料进行替代品评估。同时，指导文件中指出，氟虫胺可降解为 PFOS，建议缔约方大会鼓励各缔约方和观察员收集氟虫胺的生产和使用信息[77]。

3.1.2.3　PFOS 及其盐类可接受用途和特定豁免继续使用必要性评估

2018 年，在 POPs 审查委员会第十四次会议期间，专家组依照《POPs 公约》附件 B 中第三部分第五段和第六段对 PFOS/PFOSF 进行评价，会议上通过了 POPRC.14/3 号决议。在决议附件部分中，委员会针对不同行业建议变更 PFOS 及其相关物质的可接受用途和豁免用途。

例如，决议不再将 PFOS、其盐类和 PFOSF 的照片成像用途、半导体器件的光阻剂和防反射涂层用途、复合半导体和陶瓷过滤器的刻蚀剂用途、航空液压油用途、某些医疗设备用途作为《POPs 公约》的可接受用途[78]。同时，由于一些缔约方表示在闭环系统金属电镀（硬金属电镀）行业需要继续使用 PFOS，因此委员会建议修订 PFOS/PFOSF 只用于闭环系统金属电镀（硬金属电镀）的用途，从可接受用途变更为特定豁免。在灭火泡沫行业，由于 PFOS 灭火泡沫的替代品在一些国家可获得性较高，性能和经济方面也较为合理，但有些替代品仍会对环境和人体造成危害，因此委员会建议将该类物质在灭火泡沫方面的可接受用途变更为特定豁免。此外，委员会还建议将氟虫胺列入可接受用途，并规定可接受用途仅指农业用途。

关于特定豁免用途的变更，委员会建议不再对 PFOS 及其相关物质的半导体和液晶显示器行业多用的光掩膜用途、金属电镀（硬金属电镀和装饰性金属电镀）用途、某些彩色打印机和复印机的电子元器件用途、防治红色火蚁和白蚁的杀虫剂用途、化学采油用途提供《POPs 公约》中的特定豁免。

3.1.3　缔约方大会对 PFOS 管控的政策导向

3.1.3.1　缔约方大会第四次会议（2009 年）

2009 年，《POPs 公约》缔约方大会第四次会议，将 PFOS 及其衍生物被添加到《POPs 公约》的附件 B（限制类）中。根据《POPs 公约》的规定，各缔约方应该限制 PFOS 的生产和使用，但可接受用途和特定豁免用途的除外[79]。具体而言，根据 2009 年的缔约方大会规定，被认可的可接受用途涉及照片成像、半导体、航空液压油、医疗设备和泡沫灭火剂等的生产和使用。这些用途被认为在一定条件下是可以接受的，并且可能存在一些控制和监测措施来减少潜在的环境和人体健康风险。另外，特定豁免用途包括金属电镀、杀虫剂、纺织用品、包装材料和橡胶塑料等的生产和使用。这些用途因技术和经济因素，被认为在某些特定情况下难以立即被替代，所以获得了豁免。然而，这些用途依然需要受到严格的控制和监测，以尽可能减少对环境和人体健康的潜在危害。这些规定旨在可行性和环境保护之间找到一个合理的权衡，以逐步减少 PFOS/PFOSF 的使用和排放。

3.1.3.2　缔约方大会第七次会议（2015 年）

2015 年 5 月，《POPs 公约》缔约方大会第七次会议首次对 PFOS/PFOSF 可接受用途和特定豁免用途进行评估。专家组收集了大量有关 PFOS/PFOSF 的生产、使用、释放以及健康风险的数据，以了解该类物质在不同领域的应用情况，以及对环境和人体健康造成的风险。同时，还对 PFOS/PFOSF 的替代品进行了综合评估，评估内容涉及成本、产品性能、生产工艺以及对环境和人体是否造成潜在的影响。综合以上的评估，专家组对 PFOS 类物质和替代品有了综合的判断，包括环境风险、健康风险以及使用替代品时对经济的影响。

该会议发布的文件《〈斯德哥尔摩公约〉规定的特定豁免与可接受用途》（UNEP/POPS/COP.7/4/Rev.1），由于缔约方没有对地毯、皮革和服装、纺织品和室内装饰、纸和包装、涂料和涂料添加剂、橡胶和塑料等领域进行 PFOS/PFOSF 的生产和使用豁免登记，因此文件禁止此后对该类用途进行特定豁免登记[80]。同时决定，成立一个 PFOS/PFOSF 相关的工作组，该工作组将在下一次缔约方大会之前就如何减少 PFOS/PFOSF 生产和使用提供信息和建议。

会议上详细阐述了相关物质对环境的影响、健康的风险以及替代品的可行性。会议指出，尽管 PFOS/PFOSF 在某些领域具有重要地位，但由于其环境风险和健康危害，应采取措施限制该类物质的生产、使用和释放，同时推动替代品研发和应用。

同时，为了给决策者提供有关替代品的信息和建议，帮助他们合理地选择替代品，会议根据应用领域将替代品分为纺织品和皮革加工类、泡沫灭火剂类、涂料和油漆类及其他领域类。同时指出，要综合经济效益和环境效益来考量替代品是否合适，即既要考虑替代品对环境、人体健康的影响，还要考虑替代品的性能和成本，以及使用替代品时是否会对经济产生影响。

3.1.3.3　缔约方大会第八次会议（2017 年）

2017 年，缔约方大会第八次会议通过了 SC-8/5 号决议，该决议将邀请缔约方及其他各方于 2018 年 2 月 15 日前向秘书处提交以下信息，以供秘书处编写下一份 PFOS/PFOSF 评估报告，也供 POPs 审查委员会今后更新关于 PFOS/PFOSF 的指导意见时使用：

1）氟虫胺的生产和使用情况；

2）对于因使用氟虫胺而释放的全氟辛基磺酸实施就地监测的情况；

3）《POPs 公约》附件 B 第三部分第 4（c）段所规定的 PFOS/PFOSF 安全替代品的研究和开发情况。

同时支持缔约方，尤其是发展中国家缔约方和经济转型缔约方，建议查明和收集关于 PFOS/PFOSF 资料的能力，加强对此类化学品在整个生命周期进行管理的立法和管理条例，并采用更安全、有效和可承担的替代品。

3.1.3.4　缔约方大会第九次会议（2019 年）

2019 年，缔约方大会第九次会议召开，与会各国就 PFOS/PFOSF 的环境和健康、管理和监管措施以及替代品研发和应用问题展开了深入讨论。经过讨论后，POPs 审查委员会建议缔约方大会考虑修正《POPs 公约》附件 B，在所有情况下都不再提供 PFOS、其盐类和 PFOSF 的特定豁免[81]。建议可接受用途仅保留将用作控制切叶蚁的昆虫诱饵的同时，新增氟虫胺作为昆虫诱饵的用途。缔约方大会通过了修订《POPs 公约》附件 B 中 PFOS/PFOSF 可接受用途和特定豁免的草案。

此外，缔约方大会决定修正《POPs 公约》附件 B 第一部分，有关 PFOS/PFOSF 的修改后内容：可接受用途有仅在农业用途中，以氟虫胺为活性成分用于控制切叶蚁的昆虫毒饵；特定豁免用途有只用于闭环系统的金属电镀（硬金属电镀）以及已安装系统（包括移动和固定系统）中的用于抑制液体燃料蒸气和用于扑灭液体燃料火灾。

最后，缔约方大会还决定修正《POPs 公约》附件 B 第三部分，插入新的第十段，新内容如下：确保不出口或进口含有或可能含有 PFOS/PFOSF 的灭火泡沫；不使用含有或可能含有 PFOS/PFOSF 的灭火泡沫进行培训；不使用含有或可能含有 PFOS/PFOSF 的灭火泡沫进行测试，除非可以控制所有释放；如有能力，应于 2022 年年底前，只允许在可以完全控制所有释放的场地使用含有 PFOS/PFOSF 的灭火泡沫。

3.1.3.5　缔约方大会第十一次会议（2023 年）

2023 年，缔约方大会第十一次会议通过了 SC-11/4 号决议，决议中强烈鼓励缔约方和其他各方，积极投身于 PFOS 替代品的研究之中。这种研究的深度与广度都至关重要，需要涵盖从替代品的开发到实际应用的各个环节。特别是在施用场地，对氟虫胺、全氟辛基磺酸及其他相关降解产物在不同环境媒介（如土壤、地下水和地表水）中的存在与影响进行监测，是确保替代品安全、有效使用的重要步骤[82]。

同时，也提醒各方，在选择替代品时，应避免使用那些可能具备《POPs 公约》附件 D 所列的持久性有机污染物特性的化学品，包括其降解产物。特别是在硬金属电镀过程中，不应使用这些可能对环境产生长期负面影响的化学品来替代 PFOS。此外，鼓励各方积极采用可获得、可行且高效的 PFOS 替代品。

最后，文件决定在第十三次会议上，评估是否继续将 PFOS 用于各特定豁免和可接受用途。

3.1.4 《巴塞尔公约》关于含 PFOS 类废物无害环境管理的最新规定

《控制危险废物越境转移及其处置的巴塞尔公约》（以下简称《巴塞尔公约》）是一项举足轻重的国际多边环境条约，其核心目标在于严格管控废物的跨境转移，从而防止危险废物和其他废物对人类健康及环境构成潜在威胁。

《巴塞尔公约》缔约方大会第十五次会议于 2022 年召开。2023 年 1 月，秘书处发布 PFOS/PFOA/PFHxS 废物管理技术准则草案，并作出了以下关于 PFOS 类污染废物的重要更新规定[21]：①会议通过了《关于由 POPs 构成、含有或受 POPs 污染的废物无害环境管理的总体技术指南》（UNEP/CHW.16/6/Add.1/Rev.1）的最新修订版本，旨在指导各国有效管理和处理这类具有潜在环境风险的废物；②会议发布了《关于 PFOS/PFOSF、PFOA 及其盐类和相关化合物、PFHxS 及其盐类和相关化合物的废物的无害环境管理技术指南》（UNEP/CHW.16/6/Add.2/Rev.1）的最新指导原则，以加强对这些特定化学物质的废物管理和环境保护措施。

对于 PFOS 类污染物的无害化管理，首先要满足《关于由 POPs 构成、含有或受 POPs 污染的废物无害环境管理的总体技术指南》的规定，其次要满足《关于 PFOS/PFOSF、PFOA 及其盐类和相关化合物、PFHxS 及其盐类和相关化合物的废物的无害环境管理技术指南》的规定。

3.1.4.1 《关于由 POPs 构成、含有或受 POPs 污染的废物无害环境管理的总体技术指南》

《关于由 POPs 构成、含有或受 POPs 污染的废物无害环境管理的总体技术指南》中对含 POPs 类废物环境无害化的规定包括四类方法，分别是预处理、破坏和不可逆转化技术、当破坏或不可逆转化不能作为环境优选方案时的其他处置技术，以及 POPs 含量低时的其他处理方法。

（1）预处理

当产品或废物的一部分，如废物设备，含有 POPs 或被其污染时，应将其分离，然后酌情进行处理。预处理的方法包括吸收和吸附、混合、解吸、脱水、拆卸、蒸馏、干燥、膜过滤、油水分离、pH 调节、沉淀、溶剂洗涤、气化、稳定和固化等方法。

（2）破坏和不可逆化技术

应允许以下处置作业用于销毁和不可逆转地改变废物中的 POPs 含量，但其应用方式应确保剩余废物和排放物不具有 POPs 的特征：

1）物理化学处理；

2）焚烧；

3）用作燃料（直接焚烧除外）或其他方式产生能量；

4）金属和金属化合物的回收。

具体处理技术包括碱金属还原、先进固体废物焚烧、碱催化分解、催化加氢脱氯、水泥窑联合焚烧、气相化学还原、危险废物焚烧、等离子弧、等离子体熔融分解法、超临界水氧化和亚临界水氧化以及金属的热力和冶金生产。

（3）其他处置技术

当破坏或不可逆转化不能作为环境优选方案时选用其他处置技术，适用于该技术的 POPs 污染废物包括但不限于：

1）发电站和其他燃烧设施（除文件该部分 d 款所列之外）产生的废物、钢铁工业废物以及铝、铅、锌、铜和其他有色金属的冶金废物。这些废物包括炉底灰、炉渣、盐渣、飞灰、锅炉粉尘、烟气粉尘和其他颗粒物及粉尘、烟气处理固体废物、黑色浮渣、盐渣和黑色浮渣处理废物、金属浮渣和撇渣。

2）冶金过程中的碳基和其他衬里及耐火材料。

3）下列建筑和拆除废物：

①混凝土、砖、瓦和陶瓷的混合物或单独成分；

②土壤和石头的无机部分，包括来自受污染地点的挖掘土壤；

③含有多氯联苯（PCBs）的建筑和拆除废物，但不包括含有 PCBs 的设备。

4）废物焚烧或热解的废物，包括气体处理固体废物、炉底灰、炉渣、飞灰和锅炉粉尘。

5）玻璃化废物和玻璃化处理废物，包括飞灰和其他烟气处理废物以及未玻璃化的固相废物。

将以上废物永久储存在地质水文隔离的盐矿和坚硬岩层的地下设施中，是确保废物在一段较长地质时期内与生物圈有效隔离的一种可行选择。在处置废物时，必须预防不同废物之间或废物与贮存衬料之间的任何可能产生不良化学反应的情况，尤其是必须确保废物储存在化学和机械性能稳定的容器中。液体、气体、排放的有毒气体或具有爆炸性、易燃性或传染性的废物应被明确禁止储存在矿山地下。此外，运营许可证应明确列出并排除通常不应储存的废物类型。

在选择持久性有机污染物废物的永久储存地点时，应综合考虑以下关键因素：

1）用于储存的洞穴或隧道必须与活跃的矿区和可能重新开放开采的区域保持绝对的安全距离，以确保储存设施不受采矿活动的影响；

2）洞穴或隧道应位于远低于可用地下水位的地质结构中，或位于被不透水岩石或黏土层与含水层完全隔离的构造中，以最大限度地降低地下水污染的风险；

3）洞穴和隧道的选址应基于地质稳定性分析，优先选择那些位于地质构造极其稳定而非地震活动频繁的地区。

（4）POPs 含量低时的其他处理方法

如果 POPs 含量低于《巴塞尔公约》所述的低 POPs 废物含量（例如，对于 PFOS/PFOSF 低于 5 mg/kg 或 50 mg/kg；对于 PFOA 及其盐类和相关化合物，PFOA 及其盐类低于 1 mg/kg 或 0.025 mg/kg，相关化合物的总和低于 40 mg/kg 或 10 mg/kg；对于 PFHxS 及其盐类为 1 mg/kg，对于 PFHxS 相关化合物为 40 mg/kg），则应根据相关国家立法和国际规则、标准和准则，包括根据《巴塞尔公约》制定的具体技术准则，以无害环境的方式进行处置。

3.1.4.2 《关于 PFOS/PFOSF、PFOA 及其盐类和相关化合物、PFHxS 及其盐类和相关化合物的废物的无害环境管理技术指南》

《关于 PFOS/PFOSF、PFOA 及其盐类和相关化合物、PFHxS 及其盐类和相关化合物的废物的无害环境管理技术指南》对以 PFOS 及其盐类和相关化合物、PFOA 及其盐类和相关化合物以及 PFHxS 及其盐类和相关化合物为主的 PFAS 类物质的定义、生产、使用、废弃、清单编制、采样、分析、监测、环境无害化处置以及受污染场地修复等一系列内容作出了规定。关于无害化处理的具体规定如下：

（1）预处理

根据需要预处理的 PFOS 废物、PFOA 废物和 PFHxS 废物的性质和类型选择预处理方法，这些方法包括：

1）吸附和吸收；

2）膜过滤，特别是反渗透和纳滤；

3）混合；

4）油水分离；

5）体积减小。

（2）破坏和不可逆转方法

关于建议用于销毁或不可逆转转化 POPs-PFAS 废物的技术，可参考《关于由 POPs 构成、含有或受 POPs 污染的废物无害环境管理的总体技术指南》。其中，水泥窑炉焚烧、气相化学还原、危险废物焚烧和超临界水氧化技术适用于以下情况：

1）PFOS/PFOSF：浓度 ≥50 mg/kg；

2）PFOA 及其盐类：浓度 ≥1 mg/kg（或 ≥0.025 mg/kg，视具体法规要求）；

3）PFOA 相关化合物：浓度 ≥40 mg/kg（或 ≥10 mg/kg，视具体法规要求）；

4）PFHxS 及其盐类：浓度 ≥1 mg/kg；

5）PFHxS 相关化合物：浓度 ≥40 mg/kg。

（3）其他处置技术

当破坏或不可逆转化不能作为环境优选方案时的其他处置技术，以及 POPs 含量低时的其他处理方法，具体参考《关于由 POPs 构成、含有或受 POPs 污染的废物无害环境管理的总体技术指南》。

3.1.5　各国或组织采取的限制行动

2009 年 5 月，《POPs 公约》缔约方大会第四次会议将 PFOS/PFOSF 增列入《POPs公约》受控清单附件 B，被限制生产和使用；2019 年 5 月，《POPs 公约》缔约方大会第九次会议审议通过了关于 PFOS 的修正案，将泡沫灭火剂由可接受用途调整为特定豁免用途，并对使用条件加以限制。在这两次大会之后，修正案先后对各国和地区生效（生效时间见本书附件），并采取了针对 PFOS 的限制行动。

3.1.5.1　美国

美国是世界上最早生产、使用 PFOS 的国家，PFOS 最早于 20 世纪 50 年代由美国 3M公司进行生产，但该公司已在 2004 年停止销售和使用 PFOS。尽管美国不是《POPs 公约》的缔约方，但在应对 PFOS 的风险时，仍采取了下列措施，其中大部分由 EPA 主导。

美国电镀行业使用 PFOS 作为铬雾抑制剂始于 20 世纪 50 年代，此后持续半个世纪之久。2009 年 EPA 发布了 PFOS 镀铬企业研究报告，在镀铬废水中检出了浓度较高的PFOS。随后，美国在 2012 年 9 月 19 日发布电镀铬国家排放标准，要求在 2015 年 9 月21 日后禁止使用含有 PFOS 的铬雾抑制剂。

2020 年 2 月，EPA 提议根据《安全饮用水法案》对 PFOS 进行管理，初步方案是向州或地方社区提供饮用水中的 PFOS 关键信息，如果最终需要积极监督，EPA 将开始建立 PFOS 的全国饮用水监管。

同时，EPA 发布了包含 PFOS 和 PFOA 在内的共计 172 种化学品的清单，这些化学品均须接受毒物释放名录报告制度的监管；而且该机构还依据《有毒物质释放清单法案》发布了毒物释放清单（Toxics Release Inventory，TRI）报告，进一步将 PFOS 纳入其监管范畴[83]。EPA 的毒物释放名录计划是一个至关重要的信息工具，它旨在向公众提供关于这些化学品的排放情况以及污染预防活动的详细信息。为了确保这一制度的实施，不同行业的美国工厂各部门均被要求每年报告每种化学品释放到环境中的量，以及通过物质回收和处理进行管理的量。这一系列的举措均显示出 EPA 加强化学品管理和环境保护的坚定决心。

除此之外，EPA 还推动建立了全国性的监测计划，监测不同环境介质中的 PFOS 及其相关物质的分布情况，包括水体、土壤、大气和生物群体。同时鼓励对 PFOS 及其相关物质进行研究，包括生态毒性和健康风险。

3.1.5.2 欧盟

欧盟于 2004 年 11 月 16 日以区域性经济一体化组织身份批准《POPs 公约》，根据公约第 25（3）条规定，欧盟与其成员国共享缔约方地位但需各自履行义务，并于 2005 年 2 月 17 日向联合国交存批准书，公约据此于 2005 年 5 月 17 日正式对欧盟生效。2009 年 5 月 9 日，《POPs 公约》缔约方大会第四次会议将全氟辛烷磺酸及其盐类和前体（如全氟辛烷磺酰氟）列入公约附件 B（限制类物质）。为履行公约义务，欧盟通过《持久性有机污染物法规》［（EC）No 850/2004］的委员会法规（EU）No 757/2010 的修订，并于 2010 年 8 月 26 日正式实施 PFOS 管控措施，全面限制其生产、使用及进出口，仅允许半导体光刻工艺、航空液压油和闭环系统内的金属电镀等特定豁免用途。

欧盟实施的 REACH 法规（Registration，Evaluation，Authorization and Restriction of Chemicals）是一项全面的化学品管理法规。在该法规中，PFOS 及其相关物质被列为限制类物质，包括生产和使用方面。同时还在制造和进口过程中的注册、评估和授权等方面进行了严格的规定，包括在电子设备、消防泡沫和涂料等行业中，PFOS 的使用受到了严格限制。

2006 年，欧洲议会和部长理事会发布《关于限制 PFOS 销售及使用的指令》。指令中规定，自 2008 年 6 月 27 日起，为限制 PFOS 类产品的使用和市场投放，不得销售以 PFOS 为构成物质的、质量等于或超过 0.005% 的物质；限制在成品和半成品中使用 PFOS，不得销售含有 PFOS 质量超过 0.1% 的成品、半成品及零件。同时明确，当有 PFOS 的新型替代品出现时，应对限制指令的范围进行重新评估。

2010 年，欧盟颁布了 EC 757/2010 号法令。法令明确了适用的产品范围，包括但不限于电子产品、机械设备、化工产品等领域。其中对 PFOS 在物质或制剂中的浓度进行了明确限制，规定其浓度不得超过 10 mg/kg（按重量计为 0.001%）[84]。同时，对于半成品、成品中的 PFOS 浓度也进行了限制，即按重量计算低于 0.1%，或者对于纺织品或其他涂层材料，PFOS 的含量应低于涂层材料要求的 1 $\mu g/m^2$。允许使用 2010 年 8 月 25 日前在欧盟使用的含有 PFOS 的物品，对于 2006 年 12 月 27 日之前投放市场的灭火泡沫，给予了使用至 2011 年 6 月 27 日的豁免期。

2019 年 6 月 25 日，欧盟发布 EU 2019/1021 号法令。该文件中指出，对于非装饰性硬铬（VI）电镀的雾化抑制剂等特定用途，允许其生产和投放市场，但前提是必须保证 PFOS 释放到环境中的数量降至最低，并且成员国需每四年向委员会报告消除 PFOS 的进展情况[85]。根据新信息审查特定用途的减损情况，考虑逐步淘汰不安全的使用方式，同时鼓励在必要用途下寻找更安全的替代品，并应用最佳可行技术减少 PFOS 排放。

替代品研发方面，欧盟鼓励研发和使用 PFOS 及其相关物质的环保替代品。通过鼓励研发环保型材料，减少对污染物质的依赖，推动产业向可持续和环保的方向发展。

监测和评估方面，欧盟通过欧洲化学品管理局（European Chemicals Agency，ECHA）等机构定期监测环境介质中的 PFOS 及其相关物质，以制定符合实际情况的环保政策，确保化学品管理的合理性。

国际合作方面，欧盟和其他地区的国家和组织信息互享，相互交流技术、经验，以促进形成全球化的共识和标准。

3.1.5.3　加拿大

2011 年 4 月 4 日，《POPs 公约》关于 PFOS 等新型持久有机污染物的增列案对加拿大正式生效。在此之前加拿大也对 PFOS 采取了一系列的限制措施。2006 年，加拿大将 PFOS 类物质列入环境和气候变化部有毒物质清单，2008 年颁布的《PFOS 条例》禁止 PFOS 或含有 PFOS 的产品生产、使用、销售和进口。该条例中的豁免用途与《POPs 公约》中的可接受用途和特定豁免用途相一致。

2013 年 4 月，加拿大颁布了《关于持久性有机污染物的斯德哥尔摩公约的国家执行计划》，加强了对 PFOS 废弃物的环境无害化管理与处置。加拿大还保留了半导体和液晶显示器工业用光掩膜、金属电镀（硬铬电镀、装饰性电镀）等的特定豁免用途，但这些豁免并非无限期，如用于金属电镀的特定豁免用途仅止于 2013 年 5 月，这主要是为了与其本国 2008 年的 PFOS 条例的规定相一致。

3.1.5.4　日本

在日本，PFOS 主要被应用于防水、防油和表面活性剂领域。2010 年 4 月根据《化学物质控制法》，PFOS 被日本政府列为"第 1 类特定化学物质"，该物质的生产、进口和使用被严格禁止[86]。但由于替代品技术不完善，日本仍批准保留了部分用途，包括制造陶瓷滤芯或高频段化合物半导体的刻蚀剂、半导体光敏膜、工业照相用胶片。

尽管日本国内不再生产 PFOS，但由于日本国内已有大量含有 PFOS 的泡沫灭火器投入使用，灭火器领域的 PFOS 替换仍存在困难。日本政府并没有采用"一刀切"的方式全面禁止，而是在确保存储安全、防止泄漏，以及在发生泄漏时及时回收的前提下进行严格管理。

《POPs 公约》关于 PFOS 等新 POPs 的增列案于 2010 年 8 月 26 日对日本生效。2012 年 8 月，日本公布了《关于持久性有机污染物的斯德哥尔摩公约的国家执行计划》。与加拿大的战略类似，其核心措施同样是贯彻根据《POPs 公约》修订的《化学物质控制法》，同时加强对含 PFOS 废弃库存的环境无害化管理与处置。

自来水管理方面，日本政府也制定了严格的 PFOS 控制标准。厚生劳动省设定自来水中 PFOS 的暂定目标值为 50 ng/L，并要求水务公司等相关机构进行管理，确保水中 PFOS 的浓度不超过该目标值。

3.1.5.5 澳大利亚及新西兰

由于 PFOS 的高稳定性和潜在的持久性等有机污染物特性，澳大利亚对其在多个应用行业的使用进行了严格限制，这主要基于澳大利亚国家工业化学品通告评估署（National Industrial Chemicals Notification and Assessment Scheme，NICNAS）的评估和建议。NICNAS 对澳大利亚境内可用的 200 多种 PFAS 工业化学品进行了风险评估，其中特别关注了 PFOS、PFOA 及其前体物。评估结果不仅揭示了这些化学物质对环境和人体健康的潜在危害，还为政策制定提供了科学依据。

对于工业化学品的生产和进口，澳大利亚实施了严格的监管措施。根据《工业化学品（通知和评估）法》，任何新的 PFAS 制造商和进口商都必须在将产品引入澳大利亚进行工业生产之前，向 NICNAS 提交通知并进行评估。这一措施确保了新进入市场的 PFAS 产品符合澳大利亚的安全标准，并减少了潜在的环境风险。

针对 PFOS 在特定行业的应用，澳大利亚也制定了相应的限制措施。例如，在消防行业，用于替代泡沫灭火剂的新全氟化学品在引入澳大利亚之前，必须经过 NICNAS 的评估和批准。这确保了新替代品的安全性和有效性，同时降低了 PFOS 在消防废水中的含量。

此外，澳大利亚还鼓励行业积极寻求 PFOS 的替代品，并逐步淘汰所关注的 PFAS 物质。这一措施旨在推动行业向使用更环保、更安全的替代品过渡，减少 PFOS 在各个领域的使用。

2023 年 12 月 19 日颁布的《2023 年工业化学品环境管理（登记册）修订文书》中，有关 PFOS 的限制措施将于 2025 年 7 月 1 日生效，内容如下：禁止进口、出口和制造 PFOS，但 PFOS 含量≤0.025 mg/kg 的物质除外，与 PFOS 有关的化合物或化合物的混合物含量≤1 mg/kg 的物质除外，PFOS 含量低于 0.8 mg/kg 的灭火泡沫除外，已安装用于液体燃料火灾的灭火泡沫除外[87]。

新西兰对 PFOS 的限制措施主要体现在废水处理方面。新西兰环境部编写的《含 PFAS 废水处理指南》为地方政府提供了处理含有 PFOS 的消防废水的指导原则。该指南明确了废水处理的标准和程序，以确保经过处理的废水符合排放标准。

具体来说，对于泡沫浓缩物和其他废物中 PFOS 含量超过 50 ppm①的，被视为含 PFOS 废物，需要采取更严格的处理措施。而对于 PFOS 含量低于 50 ppm 的受污染废水，可以通过颗粒状活性炭（Granular Activated Carbon，GAC）预处理或反渗透膜（Reverse Osmosis，RO）处理等方法，将 PFOS 含量降低到 ppb 级别甚至更低。

---

① 1 ppm=10^3 ppb=10^6 ppt。

3.2　PFOS 的国内管控行动

3.2.1　2013 年我国批准关于 PFOS 增列的《修正案》

2013 年 8 月，第十二届全国人大常委会第四次会议审议批准了《POPs 公约》的修正案，新增列 9 种持久性污染物的《关于附件 A、附件 B 和附件 C 修正案》，以及新增列硫丹的《关于附件 A 修正案》（以下简称《修正案》）。2014 年 3 月 25 日，环境保护部等宣布自 2014 年 3 月 26 日起，《修正案》对我国生效[82]，特定豁免期限到 2019 年 3 月 25 日。

我国将对 PFOS/PFOSF 的生产、流通、使用和进出口进行禁止，除非是特定豁免用途或可接受用途。同时，将加快研发替代品并确保豁免期结束前淘汰这些特定豁免用途的 PFOS，逐步削减和淘汰在生产和使用领域使用可接受用途的 PFOS。国家相关部门将加强对 PFOS/PFOSF 的监督管理，严肃查处违反《修正案》行为。

《修正案》所列出的特定豁免用途包括：

1）半导体和液晶显示器行业所用的光掩膜的生产和使用；

2）金属电镀（硬金属电镀、装饰电镀）的生产和使用；

3）某些彩色打印机和彩色复印机的电子和电器元件的生产和使用；

4）用于控制红火蚁和白蚁的杀虫剂的生产和使用；

5）化学采油的生产和使用。

3.2.2　2019 年我国 11 部委联合发布公告严格禁限 PFOS

2019 年 3 月 4 日，生态环境部等 11 部委发布了《关于禁止生产、流通、使用和进出口林丹等持久性有机污染物的公告》。自 2019 年 3 月 26 日起，除可接受用途外，禁止 PFOS/PFOSF 的生产、流通、使用和进出口。相关部门将加强对这些污染物的监管，并对违规行为进行严肃处理。

依据《POPs 公约》，PFOS/PFOSF 的可接受用途包括：

1）照片成像的生产和使用；

2）半导体器件的光阻剂和防反射涂层的生产和使用；

3）化合物半导体和陶瓷滤芯的刻蚀剂的生产和使用；

4）航空液压油的生产和使用；

5）只用于闭环系统的金属电镀（硬金属电镀）的生产和使用；

6）某些医疗设备，如乙烯四氟乙烯共聚物（ETFE）层和无线电屏蔽 ETFE 的生产，体外诊断医疗设备和 CCD 滤色仪的生产和使用；

7）灭火泡沫的生产和使用。

3.2.3 《重点管控新污染物清单（2023 年版）》

2022 年我国发布的《重点管控新污染物清单（2023 年版）》[83]中，明确了各类重点管控新污染物管控措施，自 2023 年 3 月 1 日起施行。对 PFOS 类物质的要求如下：

1）禁止生产。

2）禁止加工使用（以下用途除外）。用于生产灭火泡沫药剂（该用途的豁免期至 2023 年 12 月 31 日止）。

3）将 PFOS 类用于生产灭火泡沫药剂的企业，应当依法实施强制性清洁生产审核。

4）进口或出口全氟辛基磺酸及其盐类和全氟辛基磺酰氟，应办理有毒化学品进（出）口环境管理放行通知单。自 2024 年 1 月 1 日起，禁止进出口。

5）已禁止使用的，或者所有者申报废弃的，或者有关部门依法收缴或接收且需要销毁的全氟辛基磺酸及其盐类和全氟辛基磺酰氟，根据国家危险废物名录或者危险废物鉴别标准判定属于危险废物的，应当按照危险废物实施环境管理。

6）土壤污染重点监管单位中涉及 PFOS 类生产或使用的企业，应当依法建立土壤污染隐患排查制度，保证持续有效防止有毒有害物质渗漏、流失、扬散。

3.2.4 其他国内批准生效的文件

作为工业化学品和环境污染物，我国已进行了 PFOS 清单调查和风险评估。除了《重点管控新污染物清单（2023 年版）》中的要求，这些物质的生产和使用也受到相关法律法规的限制。

3.2.4.1 《国家鼓励的有毒有害原料（产品）替代品目录（2016 年版）》

2016 年，工业和信息化部与科技部、环境保护部共同对《国家鼓励的有毒有害原料（产品）替代品目录（2012 年版）》进行了修订，并发布了《国家鼓励的有毒有害原料（产品）替代品目录（2016 年版）》。《国家鼓励的有毒有害原料（产品）替代品目录（2016 年版）》在三方面做出调整：内容、结构以及替代品使用范围。其中，PFOA、烷基酚聚氧乙烯醚（Alkylphenyl polyoxyethylene ether，APEO）表面活性剂、PFOS 和 PFOSF 均包括在内。

3.2.4.2 《优先控制化学品名录（第二批）》

2020 年，PFOS/PFOSF 再次被列入《优先控制化学品名录（第二批）》，要求根据相关政策法规和经济技术可行性，针对其在环境与健康风险方面的主要环节采取相应的风险管控措施，最大限度地降低该化学品对人类健康和环境的影响。

3.2.4.3 《环境保护综合名录（2021 年版）》

2018 年，环境保护部发布了《环境保护综合名录（2017 年版）》，其中包含两部分：第 1 部分是"双高"产品名录，即"高污染、高环境"风险产品；第 2 部分是环境保护重点设备名录。在这个名录中，被列入"双高"产品名录的有 PFOS/PFOSF 以及以 PFOA 为助剂的不粘锅、厨具用防粘的氟树脂涂料和食品机械防粘的氟树脂涂料。

生态环境部于 2021 年发布了《环境保护综合名录（2021 年版）》，提出除外工艺与污染防治设备，推动在财税、贸易等领域应用，引导企业技术升级改造，促进重点行业企业绿色转型发展。《环境保护综合名录（2017 年版）》和《环境保护综合名录（2021 年版）》从全生命周期的角度列出了这些"双高"产品。

3.2.4.4 《中国严格限制的有毒化学品名录》（2023 年）

2023 年 10 月，生态环境部、商务部和海关总署联合发布了《中国严格限制的有毒化学品名录》（2023 年）[85]，13 种 PFOS/PFOSF 化学品被纳入其中，要求按照《POPs 公约》《关于在国际贸易中对某些危险化学品和农药采用事先知情同意程序的鹿特丹公约》（以下简称《鹿特丹公约》）及相关修正案进行管控。

生态环境部门依法对纳入《中国严格限制的有毒化学品名录》（2023 年）的化学品实施进出口环境管理。相关化学品的进出口需获得《有毒化学品进（出）口环境管理放行通知单》许可，实行"一批一证"制度，禁止溢装。旅客携带工业、农业用化学品进境时，需严格按照《化学品首次进口及有毒化学品进出口环境管理规定》办理进口手续。

3.2.4.5 《产业结构调整指导目录（2024 年本）》

2023 年，国家发展改革委发布了《产业结构调整指导目录（2024 年本）》，该目录将 PFOA 及其盐类的替代品和替代技术的开发和应用列入了鼓励类，可接受用途的 PFOS/PFOSF（其余为淘汰类），以 PFOA 为加工助剂的含氟聚合物生产工艺、PFOA 及其盐类和相关化合物被列入淘汰类。该文件自 2024 年 2 月 1 日起施行，《产业结构调整指导目录（2019 年本）》同时废止。

3.2.5　PFOS 国内管控标准

我国目前已发布适用于 PFOS/PFOSF 的环境管控标准共 6 项，包括行业标准 4 项，地方标准 1 项，国家标准 1 项。具体标准及适用内容见表 3-1。

表 3-1　我国 PFOS/PFOSF 相关管控标准

标准名称	标准类别	标准号	发布时间	发布主体	适用内容
《环境标志产品技术要求　杀虫气雾剂》	环境标志产品标准	HJ/T 423—2008	2008-04-15	环境保护部	产品中不得含 PFOS/PFOSF

标准名称	标准类别	标准号	发布时间	发布主体	适用内容
《环境标志产品技术要求 皮革和合成革》	环境标志产品标准	HJ 507—2009	2009-10-30	环境保护部	产品生产过程中不得使用 PFOS
《环境标志产品技术要求 文具》	环境标志产品标准	HJ 572—2010	2010-05-04	环境保护部	产品所用材料（包括原料）塑料中不得含 PFOS/PFOSF
《环境标志产品技术要求 纺织产品》	环境标志产品标准	HJ 2546—2016	2016-11-14	环境保护部	PFOS 在纺织品中的含量应≤1 $\mu g/m^2$
《生活饮用水水质标准》	地方标准	DB 4403/T 60—2020	2020-04-21	深圳市市场监督管理局	生活饮用水中 PFOS 限值为 0.00004 mg/L
《生活饮用水卫生标准》	国家标准	GB 5749—2022	2022-03-15	国家市场监督管理总局、国家标准化管理委员会	生活饮用水中 PFOS 限值为 0.00004 mg/L

3.2.6 国内批准生效的文件

目前国内批准生效的文件如表 3-2 所示。

表 3-2 我国 PFOS/PFOSF 相关管控文件

文件名称	文号	发布时间	生效时间
《关于持久性有机污染物的斯德哥尔摩公约》新增列九种持久性有机污染物的《关于附件 A、附件 B 和附件 C 修正案》和新增列硫丹的《关于附件 A 修正案》	环境保护部公告 2014 年第 21 号	2013-08-30	2014-03-26
《关于禁止生产、流通、使用和进出口林丹等持久性有机污染物的公告》	生态环境部公告 2019 年第 10 号	2019-03-04	2019-03-26
《重点管控新污染物清单（2023 年版）》	生态环境部令 第 28 号	2022-12-29	2023-03-01
《环境保护综合名录（2021 年版）》	环办综合函〔2021〕495 号	2021-10-25	2021-10-25
《危险化学品安全管理条例》（2023 年）	—	2013-12-07	2013-12-07
《中国严格限制的有毒化学品名录》（2023 年）	生态环境部公告 2023 年第 32 号	2023-10-16	2023-10-16
《国家鼓励的有毒有害原料（产品）替代品目录（2016 年版）》	工信部联节〔2016〕398 号	2016-12-14	2016-12-14
《优先控制化学品名录（第二批）》	生态环境部公告 2020 年第 47 号	2020-10-30	2020-10-30
《产业结构调整指导目录（2024 年本）》	国家发展改革委令 第 7 号	2023-12-27	2024-02-01

3.2.7　国内组织开展的 PFOS 替代淘汰示范

自 2019 年起，PFOS 被列入持久性有机污染物统计年报系统，我国开始对 PFOS 进行严格监管，要求相关企业如实报告原料来源、产量等信息。生态环境部组织进行全国范围内的 PFOSF 生产企业和 PFOS 制剂生产企业以及部分使用行业的执法检查，并对发现的违法、违规生产、销售和使用行为等进行严厉查处。针对优先行业，如 PFOS 化工生产、电镀和农药，进行了削减与淘汰，并示范可接受用途行业的最佳可行技术（Best Available Techniques，BAT）、最佳环境实践（Best Environmental Practices，BEP）应用技术。同时，我国正在建立跟踪 PFOS 生产、销售情况的控制与监测系统，并完善相关政策法规和监管机制，加强能力建设和宣传教育工作，推动 PFOS 的全面淘汰。

3.2.8　地方政府的 PFOS 管控行动

3.2.8.1　各省 PFOS 排放特征

PFOS 的制造过程、金属电镀的工业用途、AFFF 的合成和氟虫胺的配方，以及 AFFF 在火灾中的使用和氟虫胺对白蚁的控制，都会向环境中释放大量的 PFOS。据估计，PFOS 在金属电镀中的工业使用被确定是其污染的最大来源，其次是纺织品处理、消防和半导体行业，其环境排放量分别为 35 t/a、22 t/a、9.2 t/a 和 0.25 t/a[88]。我国省级 PFOS 排放量从江苏的 10 t/a 到西藏的 0.015 t/a 不等，其来源模式差异很大[86,89]。例如，江苏 PFOS 排放量中有 53% 来自纺织品处理，43% 来自金属电镀，浙江、上海、山东和福建等东部沿海重工业化省（市）出现了相似的 PFOS 排放模式；河北、辽宁、天津和北京等渤海北部沿海省（市），金属镀层是 PFOS 最重要的来源，占全氟辛烷排放总量的 73%～95%；中国西部的大多数省份和东北的几个省份（如吉林等），消防排放占绝对主导地位，但排放率远低于中国东部；湖北和福建是 PFOS 排放贡献相当大的两个省份，PFOS 产量占全国总产量的 80%～90%，PFOS 排放量为 1.6～4.8 t/a；半导体企业分散在江苏、上海及浙江等省份。

3.2.8.2　各省 PFOS 管控行动

各省针对 PFOS 的排放情况，纷纷开展管控行动，具体如下。

（1）江苏省

2011 年，《江苏省工业清洁生产"十二五"行动纲要》提出，在电镀和半导体元器件行业，推广使用不含 PFOS 的铬雾和酸雾抑制剂、光阻剂和防反射涂层以及六溴环十二烷、氯化石蜡等卤代阻燃剂替代品。

2018 年，江苏省生态环境厅立项的省级重大科研攻关项目"江苏省环境与健康调查及风险评估体系建设研究"，历经近 4 年，于 2022 年 11 月顺利通过验收。后续工作将环境健康重点风险因子（如二噁英类、四氯乙烯、甲醛、PFOS、五氯苯酚等）纳入现有相关管理制度，开展重点区域、重点行业试点，有效推进科研成果的转化应用和制度创新实践。

（2）广东省

2016 年，广东省被纳入全球环境基金"中国全氟辛基磺酸及其盐类（PFOS）和全氟辛基磺酰氟（PFOSF）优先行业削减与淘汰项目"（以下简称"中国 PFOS 优先行业削减与淘汰项目"）示范省，环境保护部环境保护对外合作中心与广东省环境保护厅签订了"中国 PFOS 优先行业削减与淘汰项目"广东省示范项目，并于 2017 年 9 月启动实施，开展项目活动如下。

1）排查并提出辖区内 PFOS 二级生产企业清单，建立定期督查机制，加强对企业相关生产活动的管理引导和监督执法；

2）组织开展辖区内的技术示范和推广活动，包括 PFOS 二级生产企业的转产和停产、红火蚁防治替代技术示范及培训推广、电镀行业铬雾抑制剂替代技术示范和推广，以及项目的其他 PFOS 淘汰和替代活动；

3）开展辖区内 PFOS 相关政策完善、监管能力建设、环境意识提高等活动。

在该示范项目下，广东省在 2017 年编制了"中国 PFOS 优先行业削减与淘汰项目"的"环境管理框架"和"社会管理框架"；并于 2017—2024 年陆续开展了"广东省镀铬行业含氟有机污染物污染防治最佳可行技术导则研究项目及技术支持服务子项目""广东省典型区域土壤中持久性有机污染物与重金属污染源和污染初步风险评估""全氟辛基磺酸以及盐类（PFOS 类）与全氟辛酸及其盐类（PFOA 类）禁用现状与无毒替代评估"等子项目。

（3）上海市

2011 年，上海市环境保护局根据中华人民共和国履行《关于持久性有机污染物的斯德哥尔摩公约》国家实施计划，编制和开始组织实施《上海市持久性有机污染物"十二五"污染防治规划》；组织开展《重点行业持久性有机污染物排放水平调查和控制体系研究》《PFOS 等 9 种新增 POPs 物质的污染防治研究》和《国内外持久性有机污染物控制标准调研》等科研活动。

2015 年，上海市环境保护局为积极应对全氟辛基磺酸及其盐类、六溴环十二烷（Hexabromocyclododecane，HBCD）等新增列 POPs 在我国的生效，组织开展 PFOS、HBCD 等在电镀、纺织、聚苯乙烯发泡、聚丙烯纤维生产等行业使用情况调研，初步了解本市新增列 POPs 使用、暴露环节、污染物排放与转移、替代技术等情况。

2022 年，上海市加快推动 PFOS 的淘汰与替代工作，采取措施如下：①从源头提前淘汰含 PFOS 类泡沫产品的采购，本市供应商停止复配加工使用和销售含 PFOS 类泡沫产品；②截至 2023 年年底，上海化工区等消防部门完成现有装置中含 PFOS 类泡沫库存产品的环境无害化销毁处置示范工作；③鼓励企业积极参与现有装置中含 PFOS 类泡沫库存产品的环境无害化销毁处置示范工作，既有库存产品须在国家规定时间内完成使用或自行无害化销毁；④废弃含 PFOS 类泡沫库存产品的环境无害化销毁处置工作，主要由本市危险废物经营许可证单位采取应急焚烧处置。上海市固体废物与化学品管理技术中心给予相关企业业务指导和技术管理支持，并加强对焚烧设施污染物排放在线监测和日常管理，确保处置过程中不产生二次污染。

2022 年 11 月 1 日，上海市生态环境局公开征求《上海市新污染物治理行动工作方案》（征求意见稿）意见，表明在 2025 年年底前，完成抗生素、全氟辛基磺酸及其盐类和全氟辛基磺酰氟（PFOS/PFOSF 类）、全氟辛酸及其盐类和相关化合物（PFOA 类）、全氟己基磺酸及其盐类和相关化合物（PFHxS 类）、壬基酚、二氯甲烷、三氯甲烷、双酚 A 等环境风险筛查。2023 年 2 月上海市生态环境局根据《上海市新污染物治理行动工作方案》（沪府办规〔2023〕3 号）和生态环境部等 6 部委印发的《重点管控新污染物清单（2023 年版）》（生态环境部令　第 28 号），经市政府同意，印发《上海市重点管控新污染物清单（2023 年版）》。

（4）湖北省

湖北省为了解二噁英排放源和全氟辛基磺酸类化合物生产及加工企业现状，在 2016 年开展实施全省持久性有机污染物统计报表制度。生态环境部对外合作与交流中心与世界银行共同开发的全球环境基金"中国 PFOS 优先行业削减与淘汰项目"于 2017 年 11 月正式启动实施，湖北为示范区之一。2019 年，湖北省内开展 PFOS 生产企业特定污染物监测和风险评估服务，以及省内重点流域、集中式饮用水水源地重点管控全氟化合物环境现状监测，根据调查及监测结果，开展风险评估，并在全国率先建立以二噁英、全氟化合物等为代表的新污染物监测体系，并从 2023 年起开展省内重点流域、重点区域的新污染物本底调查，了解评估新污染物的赋存现状、迁移规律和环境风险，推动建立湖北重点管控新污染物清单，实现多部门协同治理和全生命周期环境风险管控。湖北省人民政府于 2023 年印发《湖北省新污染物治理工作方案》。

（5）江西省

自 2011 年起，江西省每年对六溴环十二烷、氯化石蜡、全氟辛酸等 6 种持久性有机污染物以及汞或汞化合物等受环境国际公约管控的化学品物质的生产、使用情况开展调查统计，全面排查违约风险。2021 年，江西省组织完成了赣江和长江流域部分河段及下游集中式饮用水水源地中全氟化合物含量分布情况专项监测，并且逐渐补齐全氟辛基磺酸、六氯丁二烯、林丹、滴滴涕等 9 类 10 项指标的新污染物监测能力体系；并且逐步建成持久性有机污染物、药品和个人护理用品（抗生素）、全氟化合物、内分泌干扰物、微型塑料等新污染物监测能力体系。2023 年，江西省人民政府印发了《江西省新污染物治理工作方案》，以统筹推进新污染物环境风险管控，提升新污染物治理能力。

（6）贵州省

自 2019 年起，贵州省省内停止生产、使用和进出口全氟辛基磺酸及其盐类和全氟辛基磺酰氟，对全省 PFOS/PFOSF 的生产、流通、使用、排放、库存、废弃处置和进出口等行为，进一步深入开展了调查评估，包括特定豁免用途和可接受用途的生产和使用。贵州省生态环境厅于 2022 年印发了《贵州省"十四五"新污染物治理工作方案》。

（7）甘肃省

2016 年，甘肃省全面开展了持久性有机污染物的更新调查统计工作，按照环境保护部要求，增设了全氟辛基磺酸类化合物调查统计项目，主要以电镀、消防药剂、石油生产、油田化学品、卫生杀虫剂生产（使用）等行业企业为主要调查对象。甘肃省人民政府于 2023 年印发了《新污染物治理工作方案》。

（8）各省施行《新污染物治理行动方案》

国务院办公厅于 2022 年印发了《新污染物治理行动方案》，以加强对包括 PFOS 在内的新污染物的治理。生态环境部等 6 部委于 2022 年印发了《重点管控新污染物清单（2023 年版）》（生态环境部令 第 28 号），明确了对 PFOS 的管理。随之全国各政府部门印发相关工作方案以便具体开展工作（表 3-3）。各省级行政区预计到 2025 年，完成国家发布的包括 PFOS 在内的高关注、高产（用）量化学物质环境信息调查和一批化学物质环境风险评估；动态发布更新重点管控新污染物清单；对重点管控新污染物实施禁止、限制、限排等环境风险管控措施；逐步建立健全有毒有害化学物质环境风险管理制度体系和管理机制，新污染物治理能力显著增强。

表 3-3　我国各省级行政区关于《重点管控新污染物清单（2023 年版）》的工作方案

印发时间	省级行政区名称	工作方案名称
2022-11	陕西	《陕西省新污染物治理工作方案》（陕政办函〔2022〕162 号）
2022-11	广西	《广西壮族自治区新污染物治理工作方案》（桂政办发〔2022〕74 号）
2022-11	海南	《海南省新污染物治理工作方案》（琼府办函〔2022〕330 号）
2022-12	山西	《山西省新污染物治理工作方案》（晋政办发〔2022〕94 号）
2022-12	湖南	《湖南省新污染物治理工作方案》（湘环发〔2022〕114 号）
2022-12	贵州	《贵州省"十四五"新污染物治理工作方案》（黔环综合〔2022〕74 号）
2022-12	四川	《四川省新污染物治理工作方案》（川办发〔2022〕77 号）
2022-12	青海	《青海省新污染物治理工作方案》（青政办〔2022〕112 号）
2022-12	云南	《云南省新污染物治理工作方案》（云政办发〔2022〕95 号）
2022-12	天津	《天津市新污染物治理行动工作方案》（津政办发〔2022〕54 号）
2022-12	吉林	《吉林省新污染物治理实施方案》（吉政办发〔2022〕42 号）

印发时间	省级行政区名称	工作方案名称
2022-12	浙江	《浙江省新污染物治理工作方案》（浙政办发〔2022〕84 号）
2022-12	江苏	《江苏省新污染物治理工作方案》（苏政办发〔2022〕81 号）
2022-12	河北	《河北省新污染物治理工作方案》（冀政办字〔2022〕159 号）
2022-12	西藏	《西藏自治区新污染物治理工作方案》（藏政办发〔2022〕49 号）
2023-01	上海	《上海市新污染物治理行动工作方案》（沪府办规〔2023〕3 号）
2023-01	河南	《河南省新污染物治理工作方案》（豫政办〔2023〕5 号）
2023-01	甘肃	《新污染物治理工作方案》（甘政办发〔2023〕3 号）
2023-01	宁夏	《宁夏回族自治区新污染物治理工作方案》（宁政办发〔2022〕72 号）
2023-01	新疆	《新疆维吾尔自治区新污染物治理工作方案》（新政办发〔2023〕3 号）
2023-01	福建	《福建省新污染物治理工作方案》（闽政办〔2023〕1 号）
2023-02	广东	《广东省新污染物治理工作方案》（粤府办〔2023〕2 号）
2023-02	山东	《山东省新污染物治理工作方案》（鲁政办发〔2023〕1 号）
2023-02	内蒙古	《内蒙古自治区新污染物治理工作方案》（内政办发〔2023〕22 号）
2023-04	湖北	《湖北省新污染物治理工作方案》（鄂政办函〔2023〕6 号）
2023-04	江西	《江西省新污染物治理工作方案》（赣府厅字〔2022〕128 号）
2023-04	重庆	《重庆市新污染物治理工作方案》（渝府办发〔2023〕31 号）
2023-05	辽宁	《辽宁省新污染物治理工作方案》（辽政办〔2023〕18 号）
2023-05	北京	《北京市新污染物治理行动工作方案》（京政办发〔2023〕14 号）
2023-12	安徽	《安徽省新污染物治理工作方案》（皖政办〔2023〕4 号）

第4章　PFOS 识别和风险评估

4.1　PFOS 清单识别

清单是识别、量化和表征 PFOS 污染物的一个重要工具。调查 PFOS 的生产、分布以及环境暴露状况，编制关于 PFOS 类物质的清单，识别 PFOS 类物质并进行风险评估，对制定相应管理和治理对策具有重要意义。

4.1.1　清单调研方法学

编制清单，即根据确定的目标源类别对当前和预计的活动进行评估和清单编制。"清单"可作为毒性风险评估、建模、政策制定和绩效评估的基础。清单的统计范围具体涉及调研物质的点源、面源、行驶源和非行驶源等，收集的有关排放源的数据，以及用于估算的理论和方法，可用于制定物质的清单。

在编制清单时，应优先确定体积大、持久性有机污染物浓度高的主要废物。可以使用国家清单[90]：

1）建立产品、物品和持久性有机污染物废物的基准数量；

2）建立一个信息登记处，协助进行安全和监管检查；

3）获得拟定场地稳定计划所需的准确信息；

4）协助制定应急预案；

5）跟踪在尽量减少和逐步淘汰持久性有机污染物方面的进展情况。

（1）PFOS 类物质清单调研方法

PFOS 类物质清单调研方法可用"工具包"并采用五步法建立清单。"工具包"符合标准规范且使用简洁，还携带一些数据库以供编制清单，所含的关键要素如下：

1）能提供一种有效的方法学，用于确定国内向空气、水、土壤和产品、残留物等排放某类物质的相关行业和非工业流程，并对其进行审查和筛选，以确定最重要的行业和流程。

2）能给出一份收集相关工艺信息的指南，以便对排放量相似的工艺进行分类。

3）详细的排放因子数据库，其中包含适当的默认值，如果工艺所属类别具有代表性，则可使用这些默认值。该数据库在今后可随新数据的获得而更新。

4）提供一份使用缺省排放因子与具体国家数据编制和提交清单的指南，使编制的清单具有可比性。

（2）PFOS 类物质筛选矩阵

1）应用筛选矩阵以识别主要的源类别，PFOS 类物质筛选矩阵见表 4-1。

2）检验子类别，以确定在本国存在的活动和来源。

3）利用一些标准化调查问卷收集有关过程的详细信息，将过程归为类似组别。

4）用默认的、测定的排放因子量化可以识别的来源。

5）在全国范围内开展相关工作，以建立完整的清单，并按标准格式中的指南报告结果。

表 4-1　PFOS 类物质筛选矩阵

编号	主要源类别	编号	主要源类别
1	消防灭火剂	7	农药生产
2	纺织整理剂	8	建材工业
3	造纸处理剂	9	石油工业（抑制剂）
4	电子助焊及清洗剂	10	医药助剂
5	电镀铬雾抑制剂	11	感光材料中的分散剂
6	感光材料中的分散剂	12	其他（冶金、塑料等）

PFOS 是非人为故意排放的，因此 PFOS 类物质清单的调研和编制不仅局限于生产过程中的排放，而且在消费、使用和废弃物处置环节也需要纳入。

按照 PFOS 全生命周期各阶段划分，包括工业部门（工业部门 PFOS 及这些行业所涉及的一些关于生产和使用的化学物质的清单）、消费市场（消费市场上含有全氟辛基磺酸及相关化学品的产品和物品清单）、专业性使用（含有 PFOS 及相关化学品的泡沫灭火剂、航空液压油和杀虫剂清单）、废物/库存/受污染场地（含 PFOS 及其相关化学物质的废物、库存和污染场地清单）等部分。

4.1.2　编制流程

以"工具包"和五步法为基础，参考余立风主编的《中国 PFOS 类环境管理和履约对策研究》[91]，编制相应清单可分为五个步骤，即编制清单的规划（步骤 1）、数据收集方法的选择（步骤 2）、行业数据的收集和整理（步骤 3）、数据的管理和评估（步骤

4），清单报告的编写（步骤 5）。其中，步骤 1 要求确定生产和使用 PFOS 的相关行业。步骤 2 涉及数据收集的分层方法。如果有关生产、使用、进口和出口的国家统计信息可靠，则可在步骤 3 中收集此类信息，并在步骤 4 中加以应用。

我国 PFOS 物质清单编制路线见图 4-1。

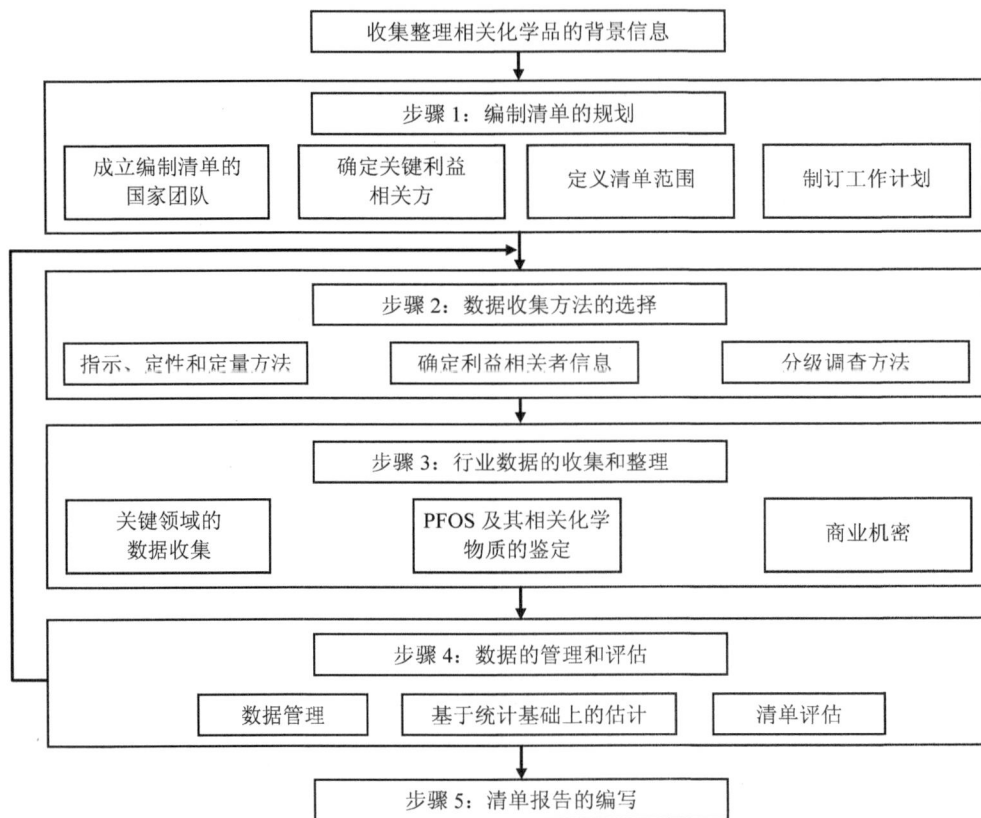

图 4-1　我国 PFOS 物质清单编制路线

（1）步骤 1：编制清单的规划

编制规划重点是明确责任分工，《POPs 公约》国家协调中心（NFPs）应负责整个清单编制过程，现有的持久性有机污染物监督委员会协助编制清单，确定清单范围和与 PFOS 有关的部门。

1）成立编制清单的国家团队

编制清单的国家团队成员包括生态环境部门、公安部门、工业和信息化委员会、海关等化学品管理相关部门；生产和使用 PFOS 的行业协会和典型企业代表；从事原有持久性有机污染物和新持久性有机污染物研究的大学和科研机构等，可聘请国家或国际顾问协助工作组开展工作。

2）确定关键利益相关方

参与编制清单的国家团队的主要利益相关方可以是相关政府部门、官方和国家机构的统计和研究部门、制造商、贸易商、社区和非政府组织、大型工业公司组织、其他私营部门组织、废物管理和回收部门、海关等。

3）定义清单范围

清单范围要符合相关部门开展研究的程度和涉及的资源、措施等，必须符合以下规定或事项：一是 PFOS 及其相关物质生命周期的影响；二是《POPs 公约》下针对 PFOS 的义务；三是 PFOS 清单目的；四是现有资源和能力；五是国家优先事项。

4）制订工作计划

计划内容（或计划框架）主要包括：编制清单的具体原则、使用方法、活动要求、资源分配（包括承诺和预算）、时间发展线和里程碑等。

（2）步骤 2：数据收集方法的选择

1）指示、定性和定量方法

首先，审查现有的文献以及采访专家和参加研讨会产生的资料是研究 PFOS 相关领域的关键步骤。这些资料可以提供背景知识、研究进展以及已有的数据和观点。

其次，利用调查问卷补充研究数据，并获取更多实地信息。通过问卷调查，我们可以收集到来自不同地区和不同背景的参与者的看法、经验和观点，从而丰富我们的研究材料。

最后，为了获取准确、具体的数据信息，我们需要采用定量研究方法。这可能涉及实地采样、实验分析与模拟评估 PFOS 含量。在这一过程中，PFOS 相关领域的专家和学者的指导至关重要，他们可以提供技术支持、方法指导和数据解读，以确保研究内容更加准确、可靠。

通过国家有关部门公布的数据、公开发表的资料、科学文献、研究报告、电话簿和互联网搜索等途径获得信息，完成评估和验证，信息需涵盖过去和现在有关生产和使用 PFOS 及其相关物质的内容，以及有关替代品的情况。在 2021 年 3 月起草的《POPs 公约》中，有相关物质列举实例可供参考。

问卷调查：是清单编制计划中收集原始数据的重要形式。

现场检查、取样和分析：可以在当地销售商以及生产设施的现场进行相关样品和产品的收集和检查。

2）确定利益相关者信息

可通过电子邮件、网页信息、电话簿、国家登记信息以及询问其他利益相关者的方式获取利益相关方资料，也可通过面对面交谈、电话采访等方式进行交流，以明确所需的信息类型，并与利益相关方有效联系。

3）分级调查方法

收集相关数据清单是一个复杂的过程，可以使用分级调查方法。在这种方法的基础上，可以进行第二层次调查，以补充可能存在的不完整数据。如果需要更深入地研究，且资源允许，还可以进行第三层次的调查，以获取更多信息。

（3）步骤 3：行业数据的收集和整理

1）关键领域的数据收集

我国作为 PFOS 类物质的主要生产国，列名小组应主要调查相关化学制造业，还需调查工业中使用 PFOS 及相关化学品产品的情况及国内消费市场中出现含 PFOS 的物质等。数据收集过程中，关键部门主要包括生产和使用 PFOS 及相关物质的行业、含有 PFOS 及相关物质的产品和物品的消费市场、灭火剂材料、航空液压油、含有 PFOS 及相关物质的杀虫剂，以及含有 PFOS 及相关物质的废物、库存和受污染场地等[92]。

2）PFOS 及其相关化学物质的鉴定

经济合作与发展组织（2007 年）编制了一份包含 165 种 PFOS 相关物质的清单，其中包括 PFOS、PFOS 衍生物和聚合物以及 PFOS 化学品，并附有化学名称和化学文摘社编号。该清单是编制国家清单的重要依据，一些控制持久性有机污染物进出口的指导文件中出现的商业名称也可提供重要的背景信息。

3）商业机密

相关公司应确保其提供的信息不会与第三方共享，也应确保其他人不会根据报告中提到的 PFOS 数据推断出其产量等信息。此外，存储清单信息的数据库必须安全。保护商业秘密需要法律支持，如实施控制机制和采取法律措施，以遵守《POPs 公约》关于生产和使用 PFOS 及相关化学品的规定。

（4）步骤 4：数据的管理和评估

1）数据管理

清单编制过程需做到数据管理的一致性和透明性。清单编制开始之前，应确定包括问卷调查形式在内的各环节，以保证数据管理的一致性。直接测定产品中 PFOS 需耗费大量资源进行实验，可以定量检测具有代表性的样品，然后用估计值来弥补清单空缺。

2）基于统计基础上的估计

如果进口、生产和出口的统计数据可用，则可以通过加工生产、出口和进口额以及从国家统计局获得的不同产品的进口和出口统计数据计算净消耗，计算公式如下：

PFOS 年净消耗量［国家］=PFOS 产品（生产+进口−出口）量×PFOS 含量　　（4-1）

生产方面的数据并不是十分详细，可视为估计量[93]。

因公司只知道使用含氟物质的总量，而不清楚具体各成分情况，因此获取的数据及信息不准确。在可行条件下，净消耗量为生产量和进口量之和减去出口量。

在数据统计过程中，正规运作的大型公司提供的数据是具有高度可信度的。

3）清单评估

评估过程要解决清单编制受限和措施欠缺的问题，还要对进程、策略以及收集到的信息进行评估。有关 PFOS 替代品的信息由 POPs 审查委员会（POPRC）提供，编制的清单随后应与行动计划同步更新。

（5）步骤 5：清单报告的编写

工作小组最后阶段是编制 PFOS 清单报告，包含国家所有关键部门的数据。

清单报告的主要内容包括：调查的目标和范围；描述数据和收集数据的方法；国家最重要相关部门的简要报告；清单结果的差距和局限性分析；改进清单所需的进一步行动（如加强利益相关者参与和制定数据收集策略）；建议及其他需要纳入报告的信息（如利益相关者名单）。

综上所述，根据我国现有清单编制路线，以及《中国现有化学物质名录》（IECSC）、《斯德哥尔摩公约》附件 B 限制清单、《重点管控新污染物清单》（2023 年版）的具体信息及相关数据，可编制我国 PFOS 类物质清单，如表 4-2 所示。

表 4-2　我国 PFOS 类物质清单

CAS 号	中文名	英文名	分子式
1763-23-1	全氟辛基磺酸；十七氟辛烷磺酸；1,1,2,2,3,3,4,4,5,5,6,6,7,7,8,8,8-十七氟代-1-辛磺酸	Perfluorooctane sulfonic acid；Heptadecafluorooctane sulfonic acid；1,1,2,2,3,3,4,4,5,5,6,6,7,7,8,8,8-heptadecafluoro-1-octanesulfonic acid	$C_8HF_{17}O_3S$
307-35-7	全氟辛基磺酰氟；十七氟辛烷磺酰氟；1,1,2,2,3,3,4,4,5,5,6,6,7,7,8,8,8-十七氟-1-辛烷磺酰氟	Perfluorooctane sulfonyl fluoride；Heptadecafluorooctane sulfonyl fluoride；1,1,2,2,3,3,4,4,5,5,6,6,7,7,8,8,8-heptadecafluoro-1-octanesulfonyl fluoride	$C_8F_{17}SO_2F$（突出磺酰氟结构）；$C_8F_{18}O_2S$（按原子数排列）
2795-39-3	全氟辛基磺酸钾；十七氟辛烷磺酸钾；1,1,2,2,3,3,4,4,5,5,6,6,7,7,8,8,8-十七氟-1-辛烷磺酸钾	Potassium perfluorooctane sulfonate；Potassium heptadecafluorooctane sulfonate；1,1,2,2,3,3,4,4,5,5,6,6,7,7,8,8,8-heptadecafluoro-1-octanesulfonic acid potassium salt	$C_8F_{17}KO_3S$
70225-14-8	全氟壬酸；十七氟壬酸；2,2,3,3,4,4,5,5,6,6,7,7,8,8,9,9,9-十七氟壬酸	Perfluorononanoic acid；Heptadecafluorononanoic acid；2,2,3,3,4,4,5,5,6,6,7,7,8,8,9,9,9-heptadecafluorononanoic acid	$C_9HF_{17}O_2$
56773-42-3	全氟辛基磺酸二乙醇铵；N,N-二(2-羟乙基)铵全氟辛基磺酸盐；十七氟辛烷磺酸二乙醇铵	Diethanolammonium perfluorooctane sulfonate；N,N-Bis(2-hydroxyethyl) ammonium perfluorooctanesulfonate；Heptadecafluorooctane sulfonic acid diethanolamine salt	$C_{12}H_{16}OF_{17}NO_5S$

CAS 号	中文名	英文名	分子式
4151-50-2	全氟辛基磺酸四乙基铵； 四乙基铵全氟辛基磺酸盐； 十七氟辛烷磺酸四乙基铵	Tetraethylammonium perfluorooctane sulfonate； TEA-PFOS； Heptadecafluorooctane sulfonic acid tetraethylammonium salt	$C_{16}H_{20}F_{17}NO_3S$
29081-56-9	全氟辛基磺酸锂； 十七氟辛基磺酸锂； 锂化全氟辛基磺酸盐	Lithium perfluorooctane sulfonate； Lithium heptadecafluorooctane sulfonate； Li-PFOS	$C_8F_{17}LiO_3S$
29420-49-3	全氟辛基磺酸铵； 十七氟辛基磺酸铵； 铵化全氟辛基磺酸盐	Ammonium perfluorooctane sulfonate； Ammonium heptadecafluorooctane sulfonate； NH₄-PFOS	$C_8F_{17}NO_3S$
335-67-1	全氟辛酸； 十五氟辛酸	Perfluorooctanoic acid； Pentadecafluorooctanoic acid	$C_8HF_{17}O_2$

4.2 PFOS 分析

4.2.1 采样

任何采样活动的总体目标都是获得可用于目标的样本，例如废物特性、是否符合监管标准与拟议处理或处置方法的适用性，应在开始取样之前确定此目标，且采样必须满足设备、运输和可追溯性的质量要求。

（1）采样程序的要素

1）要采集的样本数量、采样频率、采样项目的持续时间以及采样方法的说明（包括已实施的质量保证程序，如现场空白）；

2）取样地点或取样地点的选取过程和时间（包括描述和地理定位）；

3）取样人的身份和取样期间的情况；

4）样品特征的完整描述——标签；

5）在运输和储存过程中（分析前）保护样品的完整性；

6）采样器和分析实验室之间的密切合作；

7）经过适当培训的取样人员。

（2）取样程序内容

1）制定标准作业程序，对每一种基质进行取样，以便随后进行持久性有机污染物分析；

2）完善取样程序的应用，如国际标准化组织（ISO）、美国材料试验协会（ASTM）、欧盟、美国国家环境保护局（USEPA）、全球环境监测系统（GEMS）和欧洲电工标准化委员会（CENELEC）；

3）建立质量保证（Quality Assurance，QA）和质量控制（Quality Control，QC）程序。

取样方案要取得成功，就必须遵循以上步骤。同样，文件编制也应全面且严格。

（3）废物介质类型

持久性有机污染物取样的废物介质类型通常包括液体、固体和气体。

1）液体：

①垃圾场和垃圾填埋场的渗滤液；

②从溢出物中收集的液体；

③地表水、饮用水以及工业和城市污水；

2）固体：

①由持久性有机污染物构成、含有或受其污染的库存、产品和制剂；

②来自工业来源和处理或处置过程的固体（飞灰、底灰、污泥、蒸馏器物、其他残留物、衣物等）；

③容器、设备或其他包装材料（冲洗或擦拭样品），包括用于收集擦拭样品的纸巾或织物；

④土壤、沉积物、碎石和堆肥；

⑤消费品和产品。

3）气体：

①空气（室内）；

②空气（排放）。

采集水体中 PFOS 样品时，可使用经检验合格的 VOA 瓶或清洗、烘烤后合格的可重复使用的样品瓶，确保带螺旋盖和聚丙烯（Polypropylene，PP）/聚乙烯（Polypropylene，PE）垫片。为防半挥发性物质误差，采集时需避免搅动，以防产生气泡。样品采集后迅速旋紧瓶盖，确保 PP/PE 与液体接触。采集完成的标志是液面在瓶口有突起的弧度。倒置轻敲如出现气泡，需重新采集。每批至少 20 个样品，并设空白对照。除此之外，采集 5%～10%的平行样品以增加精确度。现场加标可确定分析精度范围[94]。

采集土壤或沉积物 PFOS 样品时，可使用 250 mL 广口棕色玻璃瓶，采样工具需用去离子水和甲醇清洗。深水沉积物可用冲击式采样器，材质为有机玻璃、PP/PE，样品分割需在惰性环境中。浅水沉积物可手采放入塑料瓶。固体样品需装满瓶身，轻轻击打瓶身减少体积误差。样品采集后需离心脱水，半固体样品存于-40～20℃冰箱，固体样品保存于阴凉处。如需干燥，应风干或冷冻干燥。

采集大气颗粒物中的 PFOS 样品，可借助自动采样器或被动空气采样器（Passive

Atmospheric Sampling，PAS）。PAS 操作简便、成本低，适用于长期趋势研究。聚氨酯泡沫基础 PAS（PUF-PAS）已被推荐用于全球大气被动取样（Global Atmospheric Passive Sampling，GAPS）研究，能测量多种持久性有机污染物。此外，半透膜被动采样器（Semi-Permeable Membrane Device - Passive Air Sampler，SPMD-PAS）、苯乙烯-二乙烯基苯共聚物树脂采样器（XAD-2 Resin - Passive Air Sampler，XAD-2PAS）、浸渍 XAD-4 粉末的 PUF 盘采样器（SIP-PAS）等也常用于 PFAS 样品采集。高容量主动空气采样器（High Volume Active Air Sampler，HV-AAS）常用于测量 PFAS，可提供高时间分辨率信息[95]。

我国常用的大气颗粒物采样膜包括玻璃纤维滤膜（高强度、大负载量，适用于重量分析）、石英纤维滤膜（中等阻力、高捕集效率，适用于有机碳分析）、特氟龙滤膜（大阻力、高效率、低空白值，适用于重金属分析）。采样膜的直径和孔隙率对截留效率至关重要[17]。

4.2.2 预处理

PFOS 污染物的分析通常在专门的实验室进行。在某些情况下（如在偏远地区），可以使用为现场筛查目的设计的检测试剂盒进行现场检测。

实验室样品前处理是分析检测的核心，直接影响检测结果的精密度和准确性。PFOS 常用的预处理方法有液液萃取法、固相萃取法、加速溶剂萃取法、超声萃取法、索氏萃取法等方法。

（1）液液萃取法（Liquid-Liquid Extraction，LLE）

基于不同组分溶解度差异进行提取。其优点在于常温操作、简便，但效率低、溶剂用量大，易污染环境。通常与其他方法结合以提高效率。

（2）固相萃取法（Solid-Phase Extraction，SPE）

通过固体吸附剂吸附目标化合物并洗脱，实现分离和富集。优点在于选择性富集，但操作时间长、步骤复杂。

（3）加速溶剂萃取（Accelerated Solvent Extraction，ASE）

在高温高压下用溶剂萃取固体或半固体样品。优点在于溶剂用量少、效率高，但需特殊设备。

（4）超声萃取法（Ultrasonic Extraction，USE）

利用超声波加速目标成分溶解进入溶剂。简单快速，但需进一步研究复杂样品的萃取效果。

（5）索氏萃取法（Soxhlet Extractor Method，SPME）

基于固相萃取原理，利用溶剂虹吸回流原理提取目标污染物。方法简便，但效率低、速度慢，已基本被其他萃取方法替代。

4.2.3　仪器检测

持久性有机污染物的分析通常在专门的实验室进行。在某些情况下（如在偏远地区），可以使用为现场筛查目的设计的检测试剂盒进行现场检测。PFOS 作为具有环境污染和健康风险的化学物质，其检测技术备受关注。目前常用的 PFOS 检测方法包括液相色谱-质谱法（Liquid Chromatography-Mass Spectrometry，LC-MS）、高效液相色谱-质谱法（High Performance Liquid Chromatography-Mass Spectrometry，HPLC-MS）和气相色谱-质谱联用法（Gas Chromatography-Mass Spectrometry，GC-MS）等。

（1）液相色谱-质谱法（LC-MS）

公认的分析 PFAS 浓度及类型的方法，通过色谱系统分离后引入质谱仪检测。其中，LC-MS 提供了更高的选择性和灵敏度。

（2）高效液相色谱-质谱法（HPLC-MS）

该方法可实现 PFAS 的分离、鉴定和定量，具有高灵敏度和精确性，但成本较高，操作复杂。

（3）气相色谱-质谱联用法（GC-MS）

适用于挥发性 PFAS 的检测，通过气相色谱仪分离后引入质谱仪进行检测，检测结果准确灵敏。

虽然色谱-质谱联用方法准确且灵敏，但成本高、操作复杂，不适用于实时监测。因此，低成本、高效率的新检测方法，如电化学传感器、荧光和光学传感器、生物传感器等，成为 PFOS 检测研究的重要方向。

4.3　PFOS 风险评估

4.3.1　PFOS 环境风险共识

PFOS 的排放贯穿于其生产、使用及废弃处置的整个生命周期。这些物质不仅在生产过程中释放，还在工业、消费应用以及商品使用后的处置中进入环境。《POPs 公约》明确指出，PFOS 是人类活动的产物，其在环境中的存在是人为因素所致，甚至能远距离传输至偏远地区。

尽管环境中 PFOS 的水平相对较低，但人体血清中的 PFOS 浓度（1.7～73.2 ng/mL）却远超土壤和水体[93]，显示出长期低剂量暴露的特点。在中国，长达 50 年的 PFOS 使用历史导致大量含 PFOS 的废物产生，若处理不当，将严重危害生态环境和人体健康。

从 POPs 审查委员会第二次会议通过对 PFOS 物质的风险介绍，到 2003 年《奥斯巴公约》将其纳入《优先采取行动的化学品》清单，再到《远距离越界空气污染公约》将其列为持久性有机污染物，PFOS 的环境风险引起了全球关注。经济合作与发展组织早在 2002 年就对其危害进行了评估，指出其在环境中的持久性、毒性和生物累积潜力对环境和人类健康构成威胁。加拿大环境组织/加拿大卫生组织在 2006 年 7 月公布了全氟辛基磺酸及其盐类和前体物的评估结果，经风险评估认定，全氟辛基磺酸因其特殊性质对环境产生即时或长期的有害影响。后来在 2007 年 POPs 审查委员会第三次会议上对 PFOS 物质风险管理做出评估，并于 2008 年 POPs 审查委员会第四次会议上做出增编。《POPs 公约》提出的风险简介和评价，为 PFOS 类物质环境暴露风险评估奠定了基础。

环境暴露风险评估是一项涉及多方面的工作。首先，需要对物质的物化性质和毒理学特性进行调查，并研究其在环境介质和生物体中的存在状况、接触程度和暴露特征。其次，需要收集必要的数据并建立合理的计算模型，以定性和定量的方式进行暴露评估。同时，考虑到不同人群的敏感性差异和存在的不确定性因素，需要对可能造成的影响进行风险评估。最后，基于暴露和风险评估的结果，制定相应的建议措施，包括限制污染物的排放量、改善环境质量以及加强个人防护等。

4.3.2　PFOS 生态风险评估及人体健康风险评估

4.3.2.1　PFOS 生态风险评估

在研究中，可以采用生态风险熵（Risk Quotient，RQ）这一方法对所收集样本的 PFOS 进行生态风险评估[96]。RQ 指环境中污染物的最大环境测量浓度（Measured Environmental Concentration，MEC）与预测无效应浓度（Predicted No Effect Concentration，PNEC）之间的比值。PNEC 值是根据毒理学的相关浓度［可观察无效应浓度（No-Observed-Adverse-Effect Concentration，NOEC）、半数致死浓度（Lethal Concentration 50%，LC_{50}）或中位有效浓度（Median Effective Concentration，EC_{50}）］与安全系数（f）的比值。风险熵的计算公式为

$$RQ=MEC/PNEC=MEC\times f/EC_{50}=MEC\times f/LC_{50} \quad (4-2)$$

假如在距离企业 500 m 以外的地表水中检测到 PFOS 的风险熵值低于设定的效应阈值，这显示企业排放的 PFOS 尚未因大范围扩散而威胁到周边的生态环境安全。但污水池中的 PFOS 浓度可能对环境构成了潜在的威胁，处理不当可能导致环境和人体健康受到损害。

4.3.2.2　PFOS 人体健康风险评估

人群的健康风险值（Hazard Ratio，HR）为 PFOS 日平均摄入量（Acceptable Daily Intake，ADI）与参考剂量（Reference Dose，RfD）的比值。HR 的阈值指南如下：无风

险（HQ＜0.1）、低风险（HQ=0.1～1.0）、中度风险（HQ=1.1～10）、高风险（HQ＞10）。具体计算公式如下：

$$HR=ADI/RfD \qquad (4\text{-}3)$$

$$ADD = （C×IR×EF×ED）/（BW×AT） \qquad (4\text{-}4)$$

式中，C 为污染物浓度，ng/L；IR 为日均饮水摄入量，L/d；EF 为饮水暴露频率，d/a，取值 365 d/a；ED 为饮水暴露持续时间，d；BW 为体重，kg；AT 为平均终生饮水暴露时间，d，取值 365ED；RfD 选取无癌症健康影响浓度为 0.025 μg/（kg·d）；ADD 为各年龄组人群 PFOS 的暴露参数剂量。

中国人群饮水摄入量推荐值和中国人群体重推荐值如表 4-3、表 4-4 所示。

表 4-3　中国人群饮水摄入量推荐值[97]

分组		全年日均总饮水摄入量/（mL/d）					
		平均	P5	P25	P50	P75	P95
合计		2300	638	1203	1850	2785	5200
性别	男	2475	700	1325	2000	2938	5450
	女	2124	600	1125	1713	2550	4800
年龄	18～44	2315	650	1238	1875	2800	5250
	45～59	2348	650	1225	1900	2800	5350
	60～79	2220	600	1138	1800	2700	4850
	80+	1898	450	938	1525	2300	4500
城乡	城市	2355	675	1250	1900	2800	5325
	农村	2258	625	1200	1825	2763	5100
片区	华北	2856	900	1650	2338	3356	5975
	华东	2480	700	1338	2025	3000	5425
	华南	1995	663	1174	1650	2325	4300
	西北	2595	700	1400	2100	3075	6025
	东北	1551	500	875	1275	1950	3125
	西南	1973	451	938	1500	2300	5000
季节	春秋季	2159	550	1100	1710	2650	4925
	夏季	2893	750	1575	2400	3400	6400
	冬季	1990	500	950	1600	2400	4700

表 4-4　中国人群体重推荐值[97]

分组		体重/kg					
		平均	P5	P25	P50	P75	P95
合计		61.9	45.1	53.6	60.6	69.0	82.7
性别	男	66.1	49.1	57.7	65.0	73.1	87.0
	女	57.8	43.3	50.6	56.8	63.9	75.5
年龄	18~44	61.9	45.5	53.0	60.1	68.8	83.8
	45~59	63.5	46.9	55.6	62.4	70.2	83.0
	60~79	60.3	43.1	52.4	59.4	67.5	80.0
	80+	55.5	38.8	47.6	54.3	62.5	75.1
城乡	城市	63.4	46.3	54.8	62.0	70.6	84.8
	农村	60.8	44.4	52.7	59.7	67.6	81.0
片区	华北	65.5	48.8	57.5	64.3	72.3	86.4
	华东	62.3	45.6	53.9	61.0	69.3	83.1
	华南	58.6	43.0	50.9	57.3	65.0	78.0
	西北	62.6	46.2	54.6	61.5	69.4	82.9
	东北	65.6	48.5	57.1	64.0	72.3	87.6
	西南	58.3	43.5	51.0	57.1	64.6	76.9

第5章 PFOS 的环境和社会管理

5.1 管理概述

5.1.1 背景

为避免环境和人类健康受到 POPs 危害，国际社会于 2001 年 5 月共同通过了《POPs 公约》后，国务院于 2007 年 4 月 14 日批准了中华人民共和国履行《关于持久性有机污染物的斯德哥尔摩公约》国家实施计划（简称《POPs 公约》国家实施计划），确定了我国履约目标、措施和具体行动。通过不断努力，按照《POPs 公约》国家实施计划要求，我国在《POPs 公约》履约机制和能力建设、持久性有机污染物削减和淘汰方面开展了大量的工作，解决了一批危害群众健康的突出环境问题。

2009 年 5 月，《POPs 公约》缔约方大会第四次会议通过了《关于〈POPs 公约〉新增列九种持久性有机污染物修正案》后，全国人大常委会于 2013 年 8 月 30 日审议批准了该修正案，于 2014 年 3 月 26 日正式对我国生效。为落实《POPs 公约》及有关修正案要求，推动我国全氟辛基磺酸及其盐类和全氟辛基磺酰氟物质的淘汰与替代工作，生态环境部对外合作与交流中心（FECO）与世界银行合作开发了"中国 PFOS 优先行业削减与淘汰项目"，旨在帮助中国履行《POPs 公约》中有关 PFOS 类物质的相关义务，实现特定豁免用途优先行业的淘汰和替代，引入最佳可行技术/最佳环境实践（BAT/BEP）应用等。

为落实《POPs 公约》及有关修正案要求，推动我国 PFOS 产品的削减、替代以及环境无害化管理工作，建立一个全面有效的环境与社会管理框架势在必行。

5.1.2 PFOS 环境无害化管理及其重要性

PFOS 环境无害化管理需要政府、企业、科研机构和社会各界的共同努力，以形成合力推动相关工作深入进行。PFOS 环境无害化管理采用更环保、更可持续的生产方式，提高资源利用效率，减少能源消耗和废弃物排放，具体措施包括但不限于：研发并推广 PFOS 替代品、加强环境监测与评估、完善废弃物处理机制、更新升级生产设备和安全设施、增强员工环保意识，并引入 BAT/BEP。

PFOS 环境无害化管理能确保 PFOS 产品在生产、使用、处理和处置全过程中，最大限度地减少其对环境和生态系统的潜在危害，更是社会可持续发展的重要组成部分。

5.1.3 PFOS 环境无害化管理的原则和框架

在管理 PFOS 产品的过程中，通过削减、替代和环境无害化处理措施，以减少 PFOS 的生产、使用和排放，最终实现 PFOS 对环境和社会的零排放。同时，需遵循可持续性、透明度和合规性等原则，确保管理措施的长期效应和社会公正性。以下为 PFOS 环境无害化管理原则和框架。

5.1.3.1 环境无害化管理原则

（1）预防原则

预防优先，采取措施在源头上减少 PFOS 的排放和释放，防止环境污染和生态破坏。在实践中，可采用替代品替代 PFOS 产品；优化生产工艺，减少废物和污染物排放；加强监测和管理，确保产品生产和使用符合环保法规；推广清洁生产技术，降低资源消耗和环境负荷；加强教育和宣传，提高公众对 PFOS 环境风险的认识等。通过预防原则的贯彻实施，不仅可以有效减少 PFOS 对环境的负面影响，还能够为建设清洁美丽的生态环境提供有力支撑。

（2）合规原则

严格遵循法律法规，确保 PFOS 产品全生命周期合法合规。生产中，企业应遵守环保法规，采取控制措施降低排放风险。使用和处理时，用户和管理者需遵循说明和环保要求，防止误用和不当处理。建立使用管理制度和废弃物处理方案，确保合规和安全。处置单位应有完善管理的程序和指导书。监管部门应严肃处理违法违规行为，维护市场秩序。鼓励企业建立内部合规机制，加强自律管理。此举将减少环境风险，促进可持续发展。

（3）科学原则

基于科学数据和风险评估，制定合理管理措施，确保 PFOS 环境无害化管理的有效性。全面评估 PFOS 的环境影响，利用最新科研成果支持环境监测和生态效应评估。制定排放标准和废弃物处理方案，推广清洁技术和绿色替代品。制定使用环节的操作指南，确保安全使用。定期评估管理措施的有效性，及时调整以应对最新科研进展。科学原则的执行将减少 PFOS 对环境的负面影响，支持可持续发展，推动环保管理向科学化、精细化发展。

（4）全面原则

全面考虑 PFOS 产品的全生命周期，涵盖生产、使用、回收和处理，实现全方位环境管理。设计和生产阶段采用绿色工艺和原材料，减少环境负面影响；使用阶段建立使用管理制度，引导科学合理使用；回收和处理阶段建立高效回收和循环利用机制，减少废弃物对环境的影响。同时，确保存储、处置和运输远离敏感区域，避免环境污染。全面管理 PFOS 产品，减少环境负面影响，推动企业绿色转型，促进可持续发展。

（5）透明原则

信息公开透明，及时披露 PFOS 产品的环境管理情况，接受社会监督。这有助于建立公众信任，促进企业和政府履行环保义务。需建立公开机制，如公开管理方案、数据报告等，并开展沟通，倾听各方意见。设立第三方评估机构，确保评估公正。建立问责机制，严肃处理违规行为。透明原则将增强环境管理公信力，推动民主、科学、有效的环境管理，实现可持续发展。

（6）责任原则

企业、政府和社会应共同承担环保责任，推动环境无害化处理。企业需履行主体责任，减少污染，提高资源利用率；政府应强化监管，完善法规，打击违法行为；社会各界应积极参与，倡导绿色生活。三方共同努力，实现 PFOS 环境管理的实质性进展，为建设美丽中国、实现可持续发展贡献力量。

（7）持续改进原则

坚持持续改进和创新，完善环境管理体系和技术手段，提升 PFOS 产品环境无害化管理。优化环境管理制度，引入先进技术，推动绿色生产。总结经验教训，不断改进方法，提升管理水平。持续改进是保护环境、促进可持续发展的关键。

5.1.3.2　环境无害化管理框架

（1）政策和法规支持

按照《POPs 公约》限制 PFOS 生产和使用的法规，建立 PFOS 环境无害化管理的政策和目标，明确管理责任和权利，确保管理工作的顺利开展；更新包括 PFOS 与含 PFOS 的产品和物质的废物/废水标准；完善 PFOS 和含 PFOS 物质（货物、产品）的进出口管理政策等。

（2）风险评估与管理

对 PFOS 产品可能带来的环境风险进行评估，制定相应的风险管理措施，减少风险对环境的影响。

（3）技术创新与替代

优先推动 PFOS 产品的替代，鼓励采用更环保、更安全的替代品。企业和政府应当共同致力于研发和推广替代产品和创新技术，以减少对 PFOS 的需求和使用，从根本上降低 PFOS 对环境和生态系统的危害。具体包括：评估 PFOS 替代品适用情况和新产品认证；组织开展潜在替代物/技术筛选，替代品的筛选和研制，以及替代品的应用示范；开展各行业 PFOS 管控能力建设，建立 PFOS 物质危害性评估方法、管理控制机制以及追踪管理信息系统和人员再培训等。

（4）生产控制与监测

严格控制 PFOS 产品的生产过程，开展 PFOS 环境监测、监管能力建设，确保生产过程符合环保标准和法律法规要求；建立 PFOS 污染物排放和转移登记制度数据库。

（5）使用管理与培训

加强对 PFOS 产品使用单位的管理和培训，推广环保意识和技术，减少错误使用和排放。

（6）废弃物处理与回收

建立健全 PFOS 产品废弃物处理和回收体系，减少废弃物对环境的污染和危害。各地区应遵循当地生态环境部门的要求，未列入当地危险废物管理范围的，可按当地要求处置，PFOS 废物已经列入当地危险废物管控范围的，需要由有资质的危险废物处置单位处置；建立 PFOS 废物鉴别标准和规范，通过与产业协会和研究机构合作，给关键部门开展地方性适用的最佳可行技术/最佳环境实践和清洁生产指导，并为培训提供技术支持。

（7）信息披露与社会参与

积极向社会公众披露 PFOS 产品环境管理情况，提高一般公众、产业从业者和其他使用者的意识，鼓励社会各界积极参与环境保护工作。

通过以上原则和框架的实施，可以有效推动 PFOS 产品环境无害化管理工作的开展，减少 PFOS 对环境和人类健康造成的潜在风险，促进清洁生产和绿色发展的实现。

5.1.4　PFOS 风险管控

5.1.4.1　法律法规

《中华人民共和国宪法》第二十六条明确规定："国家保护和改善生活环境和生态环境，防治污染和其他公害。"《中华人民共和国环境保护法》是我国环境保护方面的综合性法律，其中第四十六条规定了与 POPs 管理直接相关的条款："国家对严重污染环境的工艺、设备和产品实行淘汰制度。任何单位和个人不得生产、销售或者转移、使用严重污染环境的工艺、设备和产品。"《中华人民共和国水污染防治法》《中华人民共和国大气污染防治法》《中华人民共和国土壤污染防治法》《中华人民共和国固体废物污染环境防治法》等从不同的角度规定了污染防治的要求，也可用于 PFOS 等 POPs 的管理；《危险化学品安全管理条例》对危化品实施安全监督管理，有意生产的 PFOS 属于该条例管理范畴[92]。

5.1.4.2　规划计划

2009 年，《关于石油和化学工业结构调整的指导意见》中提出了我国第一个 PFOS 产业结构调整政策。2011 年，国家发展和改革委员会公布的《产业结构调整指导目录（2011 年本）》，又分别从鼓励类、限制类、淘汰类 3 个方面，对涉及 PFOS 相关产业作出明确规定。

2012 年 1 月 18 日，为提升工业清洁生产水平，我国制定了《工业清洁生产推行"十二五"规划》，明确了电镀行业重点推广使用不含 PFOS 的铬雾和酸雾抑制剂；半导体器件生产领域研发光阻剂和防反射涂层等 PFOS 替代品。

2012 年 10 月，为深入贯彻落实《POPs 公约》国家实施计划，环境保护部、国家发展和改革委员会等部门联合发布了《全国主要行业持久性有机污染物污染防治"十二五"规划》，规划指出 PFOS/PFOSF 作为《POPs 公约》中新增的受控物质，要适时深入开展 PFOS 生产、使用、进出口以及污染场地情况调查，全面评估其环境风险。

2014 年，环境保护部将 8 种 PFOS 类化学品列入了《重点环境管理危险化学品目录》，环境保护部等 12 个部委联合发布公告，除 7 种可以被接受的用途如消防泡沫外，PFOS 的制造与流通被明确禁止。

2014 年，PFOS 被列入环境保护部和海关总署联合发布的《中国严格进出口限制的有毒化学品目录》（2014 年）[98]。

2018 年 12 月，为专门针对新增列 11 种类 POPs 的履约工作，生态环境部等 14 部门联合发布了我国履行《POPs 公约》国家实施计划（增补版），要求开展 PFOS/PFOSF 生产/加工企业的调查统计、研发和推广 PFOS/PFOSF 替代品和替代技术、开展新增列 POPs 废物环境管理研究等系列措施，从而实现严格限制并逐步消除 PFOS/PFOSF 目的。

PFOS 及其盐类和 PFOSF 的制造、运送、应用和与外国往来贸易（可以被接受的用途除外）都被国家发展和改革委员会于 2019 年 3 月 26 日阻止，PFOS 及其盐类和 PFOA 被列为落后产物（可以被接受的用途也受到约束）[99]。

2022 年 12 月 29 日，生态环境部等 6 部门发布的《重点管控新污染物清单（2023 年版）》对 PFOS 类管控要求如下：从 2023 年 3 月 1 日以后禁止加工使用 PFOS 类物质而用于生产灭火泡沫药剂除外（该用途的豁免期至 2023 年 12 月 31 日止）。

2023 年 12 月 1 日，《产业结构调整指导目录（2024 年本）》经国家发展和改革委员会第 6 次委务会议审议通过，需发展全氟辛基磺酰化合物、全氟辛酸及其盐类和相关化合物的替代品和替代技术开发和应用[100]。

5.1.4.3　部门规章

（1）管理公告

2013 年 8 月，全国人大常委会批准关于新增列全氟辛基磺酸及其盐类（PFOS）和全氟辛基磺酰氟（PFOSF）等 10 种持久性有机污染物（POPs）的修正案。

2014 年 3 月 25 日，环境保护部、国家发展和改革委员会等 12 部门联合发布关于《POPs 公约》新增 PFOS/PFOSF 生效的公告，自 2014 年 3 月 26 日起，禁止 PFOS/PFOSF 除特定豁免和可接受用途外的生产、流通、使用和进出口。

2019 年 3 月 4 日，我国关于部分 PFOS/PFOSF 使用的豁免期即将到期，生态环境部、国家发展和改革委员会等 11 部门联合发布公告，自 2019 年 3 月 26 日起，禁止 PFOS/PFOSF 除可接受用途外的生产、流通、使用和进出口。

2019 年 3 月 22 日，农业农村部发布公告，决定自 2019 年 3 月 22 日起，不再受理和批准含氟虫胺（在环境中能够降解为 PFOS）相关农药产品的登记；自 2019 年 3 月 26 日起，撤销含氟虫胺农药产品的农药登记和生产许可；禁止全氟辛基磺酸及其盐类和全氟辛基磺酰氟除可接受用途外的生产、流通、使用和进出口[101]。自 2020 年 1 月 1 日起，禁止使用含氟虫胺成分的农药产品。

2019 年 11 月，国家发展和改革委员会根据《POPs 公约》，将全氟辛基磺酸及其盐类和全氟辛基磺酰氟（可接受用途为限制类）列为落后产品。

（2）管理制度

自 2011 年起，我国针对 PFOS 及相关产品、替代品环境管理颁布了一系列管理制度，对其生产、进口、流向、风险防控及淘汰退出等提出了具体的管理要求，相关国家部门规章见表 5-1。

表 5-1　我国 PFOS/PFOSF 管理相关国家部门规章[92]

文件名称	文号	发布日期	发布主体	适用内容
《产业结构调整指导目录（2011 年本）》	国家发展和改革委员会令第 9 号	2011-03-27	国家发展和改革委员会	新建、改扩建 PFOS 生产装置被列入目录限制类产业，含 PFOS 有害物质的涂料列为国家淘汰类的落后产品
《禁止用地项目目录（2012 年本）》	国土资发〔2012〕98 号	2012-05-23	国土资源部、国家发展和改革委员会	国土资源管理部门和投资管理部门不得为新建 PFOS 项目办理相关手续
《中国严格限制进出口的有毒化学品目录》	环境保护部公告 2013 年第 85 号	2013-12-30	环境保护部、海关总署	PFOS/PFOSF 被列入中国严格限制进出口的有毒化学品目录
《重点环境管理危险化学品目录》	环办〔2014〕33 号	2014-04-04	环境保护部	全面启动其环境管理登记工作

文件名称	文号	发布日期	发布主体	适用内容
《危险化学品目录（2015 版）》	2015 年　第 5 号	2015-02-27	国家安全生产监督管理总局、工业和信息化部、公安部等	对其生产、储存、使用、经营和运输等全过程进行全面监督管理
《清洁生产审核办法》	国家发展和改革委员会、环境保护部令第 38 号	2016-05-16	国家发展和改革委员会、环境保护部	使用 PFOS/PFOSF 进行生产的企业应当实施强制性清洁生产审核
《关于办理环境污染刑事案件适用法律若干问题的解释》	法释〔2016〕29 号	2016-12-23	最高人民法院、最高人民检察院	PFOS/PFOSF 被认定为有毒物质
《优先控制化学品名录（第一批）》	环境保护部公告 2017 年第 83 号	2017-12-27	环境保护部等 3 部委	采取风险管控措施,最大限度降低目录中化学品的生产、使用对人类健康和环境的重大影响
《环境保护综合名录"高污染、高环境风险"产品名录》	环办政法函〔2018〕67 号	2018-01-12	环境保护部	基础化学原料制造行业中 PFOS/PFOSF 产品被列入高污染、高环境风险产品名录
《持久性有机污染物统计调查制度》	国统制〔2018〕38 号	2018-08-06	国家统计局	PFOS 被列入持久性有机污染物统计制度
《产业结构调整指导目录（2019 年本）》	国家发展和改革委员会令第 29 号	2019-10-30	国家发展和改革委员会	可接受用途的 PFOS/PFOSF 生产装置被列入限制类产业，PFOS/PFOSF 类产品被列为国家淘汰类的落后产品
《禁限用农药名录》	—	2019-11-29	农业农村部	氟虫胺自 2020 年 1 月 1 日起禁止使用
《中国严格限制的有毒化学品名录》（2023 年）	生态环境部公告 2023 年第 32 号	2023-10-16	生态环境部、商务部、海关总署	PFOS/PFOSF 再次被列入中国严格限制进出口的有毒化学品目录
《优先控制化学品名录（第二批）》	生态环境部公告 2020 年第 47 号	2020-10-30	生态环境部、工业和信息化部、国家卫生健康委	PFOS/PFOSF 再次被列入优先控制化学品名录
《国家危险废物名录》（2021 年版）	生态环境部令第 15 号	2020-11-25	生态环境部	禁止使用的《POPs 公约》受控化学物质被列为危险废物
《化学品环境国际公约管控物质统计调查制度》	国统制〔2021〕60 号	2021-06-30	国家统计局	PFOS 被列入化学品环境国际公约管控物质统计调查制度
《重点管控新污染物清单》（2023 年版）	生态环境部令第 28 号	2022-12-29	生态环境部等 6 部门	除用于生产灭火泡沫药剂（该用途的豁免期至 2023 年 12 月 31 日止）外禁止加工使用

5.1.4.4　标准体系

（1）管控标准

我国目前已发布适用于 PFOS/PFOSF 环境管控标准共 6 项，包括行业标准 4 项，地方标准 1 项，国家标准 1 项。具体标准及适用内容，见本书第 3 章表 3-1。

（2）检测标准

自 2009 年以来，国家质量监督检验检疫总局、国家市场监督管理总局、国家卫生和计划生育委员会等部门先后发布了多项 PFOS/PFOSF 的检测标准，这些标准适用于食品包装、氟化工产品、进出口轻工产品、电子电气等产品中的 PFOS 检测，为我国相关产品中 PFOS 的污染控制和进出口贸易做出了重要贡献，检测方法均为液相色谱-串联质谱的方法，前处理方法多为溶剂萃取和固相萃取，检出限在 0.001～0.5 mg/kg，见表 5-2。

2021 年 12 月 9 日，生态环境部发布了《水质　全氟辛基磺酸和全氟辛基羧酸的测定　固相萃取/液相色谱-三重四极杆质谱法》（征求意见稿）和《土壤和沉积物　全氟辛基磺酸和全氟辛基羧酸的测定　液相色谱-三重四极杆质谱法》（征求意见稿）[102]，并公开向社会征求意见。2023 年 12 月 5 日发布的《水质　全氟辛基磺酸和全氟辛酸及其盐类的测定　同位素稀释/液相色谱-三重四极杆质谱法》（HJ 1333—2023）和《土壤和沉积物　全氟辛基磺酸和全氟辛酸及其盐类的测定　同位素稀释/液相色谱-三重四极杆质谱法》（HJ 1334—2023），适用于地表水、地下水、生活污水、工业废水和海水、土壤和沉积物中 PFOS 的测定，前处理方法为固相萃取，检测方法为液相色谱-三重四极杆质谱法，检出限分别为 0.6 ng/L 和 0.4 μg/kg。上述方法的建立填补了我国水质、土壤和沉积物中无 PFOS 检测方法的空白，为我国更好地履行《POPs 公约》提供了重要的技术支撑。

2022 年 4 月 11 日，中国表面工程协会发布了《铬雾抑制剂中全氟辛烷磺酰基化合物（PFOS）的测定　高效液相色谱-质谱法》（征求意见稿）团体标准[103]，并公开向社会征求意见。2023 年 8 月 22 日，发布了《铬雾抑制剂中全氟辛基磺酸及其盐类（PFOS）的测定液相色谱-三重四极杆质谱法》（T/CSEA 28—2023）。该标准以甲醇为溶剂，采用快速溶剂萃取仪提取铬雾抑制剂中的 PFOS，利用液相色谱-串联质谱测定铬雾抑制剂中 PFOS 含量，检出限为 0.6 mg/kg。该方法的建立为准确测定铬雾抑制剂中 PFOS 提供了技术支撑，有效支撑了我国 PFOS 的履约工作。

2023 年 3 月 17 日，国家市场监督管理总局和国家标准化管理委员会发布了《生活饮用水标准检验方法　第 8 部分：有机物指标》（GB/T 5750.8—2023）[104]，规定了生活饮用水中 PFOS 的检测方法，采用的仪器为超高效液相色谱-串联质谱，前处理方法为固相萃取，检出限为 3 ng/L。

2023 年 7 月 19 日，应急管理部发布《灭火剂中全氟辛烷磺酰基化合物（PFOS）的测定方法》（XF/T 3020—2023），描述了灭火剂中 PFOS 的高效液相色谱-串联质谱和核磁共振波谱测定方法，适用于泡沫灭火剂、水系灭火剂中 PFOS 的测定。其中，高效液相色谱-串联质谱对 PFOS 的检测限为 0.6 μg/L。

表 5-2　我国 PFOS/PFOSF 管理相关检测标准[92]

序号	标准名称	文件类别	标准编号	发布时间	发布主体	适用范围	前处理方法	使用仪器	检出限
1	《生活饮用水标准检验方法 第 8 部分：有机物指标》	国家标准	GB/T 5750.8—2023	2023-03-17	国家市场监督管理总局、国家标准化管理委员会	规定了生活饮用水中 PFOS 的检测方法	固相萃取	超高效液相色谱-串联质谱	3 ng/L
2	《水质 全氟辛基磺酸和全氟辛酸及其盐类的测定 同位素稀释液相色谱-三重四极杆质谱法》	行业标准	HJ 1333—2023	2023-12-05	生态环境部	适用于地表水、地下水、生活污水、工业废水和海水中全 PFOS 的测定	弱阴离子交换固相萃取	液相色谱-三重四极杆质谱	0.6 ng/L
3	《土壤和沉积物 全氟辛基磺酸和全氟辛酸及其盐类的测定 同位素稀释液相色谱-三重四极杆质谱法》	行业标准	HJ 1334—2023	2023-12-05	生态环境部	适用于土壤和沉积物中直链 PFOS 的测定	甲醇水溶液提取+固相萃取	液相色谱-三重四极杆质谱	0.0004 mg/kg
4	《食品接触材料及制品 全氟辛烷磺酸（PFOS）和全氟辛酸（PFOA）的测定》	食品安全国家标准	GB 31604.35—2016	2016-10-19	国家卫生和计划生育委员会	适用于食品接触材料及制品中 PFOS 和 PFOA 的测定	加速溶剂萃取+固相萃取	液相色谱-串联质谱	0.001 mg/kg
5	《动物源性食品中全氟辛烷磺酸（PFOS）和全氟辛酸（PFOA）的测定》	食品安全国家标准	GB 5009.253—2016	2016-08-31	国家卫生和计划生育委员会	适用于动物源性食品中 PFOS 和 PFOA 的测定	乙腈提取物+分散固相萃取	液相色谱-串联质谱	0.00002 mg/kg

序号	标准名称	文件类别	标准编号	发布时间	发布主体	适用范围	前处理方法	使用仪器	检出限
6	《进出口化工产品中全氟辛烷磺酸的测定 液相色谱-质谱/质谱法》	产品检测标准	SN/T 2392—2009	2009-09-02	国家质量监督检验检疫总局	适用于进出口化工产品中PFOS的测定，包括胶黏剂、润滑油、石蜡和络剂性涂料	快速溶剂萃取（甲醇）+固相萃取	液相色谱-串联质谱	0.1 mg/kg（测定下限）
7	《进出口灭火剂中全氟辛烷磺酸的测定 液相色谱-质谱/质谱法》	产品检测标准	SN/T 2394—2009	2009-09-02	国家质量监督检验检疫总局	适用于进出口灭火剂中PFOS的测定	快速溶剂萃取（甲醇）+固相萃取	液相色谱-串联质谱	0.1 mg/kg（测定下限）
8	《进出口轻工产品中全氟辛烷磺酸的测定 液相色谱-质谱/质谱法》	产品检测标准	SN/T 2396—2009	2009-09-02	国家质量监督检验检疫总局	适用于进出口轻工产品中PFOS的测定	快速溶剂萃取（甲醇）+固相萃取	液相色谱-串联质谱	0.1 mg/kg（测定下限）
9	《进出口杀虫剂中全氟辛烷磺酸的测定 液相色谱-质谱/质谱法》	产品检测标准	SN/T 2395—2009	2009-09-02	国家质量监督检验检疫总局	适用于进出口杀虫剂中PFOS的测定	快速溶剂萃取（甲醇）+固相萃取	液相色谱-串联质谱	0.1 mg/kg（测定下限）
10	《进出口洗涤用品和化妆品中全氟辛烷磺酸的测定 液相色谱-质谱/质谱法》	产品检测标准	SN/T 2393—2009	2009-09-02	国家质量监督检验检疫总局	适用于进出口洗涤用品和化妆品中PFOS的测定	快速溶剂萃取（甲醇）+固相萃取	液相色谱-串联质谱	0.1 mg/kg（测定下限）
11	《进出口工业品中全氟辛烷化合物测定》系列标准	产品检测标准	SN/T 3694.1~SN/T 3694.14	2013—2014	国家质量监督检验检疫总局	规定了进出口工业产品中PFOS的测定	超声萃取、加速溶剂萃取+固相萃取	液相色谱-串联质谱	0.01~0.05 mg/kg（测定下限）
12	《氟化工产品和消费品中全氟辛烷磺基化合物（PFOS）的测定 高效液相色谱-串联质谱法》	产品检测标准	GB/T 24169—2009	2009-06-25	国家质量监督检验检疫总局、国家标准化管理委员会	适用于氟化工产品和消费品中PFOS的测定	超声提取（水）+固相萃取	高效液相色谱-串联质谱	氟化工产品为质量分数0.0002%，消费品为0.4 g/m²

序号	标准名称	文件类别	标准编号	发布时间	发布主体	适用范围	前处理方法	使用仪器	检出限
13	《电子电气产品中全氟辛酸和全氟辛烷磺酸的测定 超高效液相色谱串联质谱法》	产品检测标准	GB/T 37760—2019	2019-06-04	国家市场监督管理总局、国家标准化管理委员会	适用于电子电气产品中 PFOA 和全 PFOS 的测定	超声水浴萃取（甲醇）	超高效液相色谱-串联质谱	0.006 mg/kg
14	《灭火剂中全氟辛烷磺酰基化合物（PFOS）的测定方法》	产品检测标准	XF/T 3020—2023	2023-07-19	应急管理部	适用于泡沫灭火剂、水系灭火剂中全氟辛烷磺酰基化合物（PFOS）的测定	超声水浴萃取（水）	高效液相色谱-串联质谱	0.6 μg/L
15	《食品包装材料中全氟辛烷磺酰基化合物（PFOS）的测定 高效液相色谱-串联质谱法》	产品检测标准	GB/T 23243—2009	2009-02-17	国家质量监督检验检疫总局、国家标准化管理委员会	适用于食品包装材料中 PFOS 的测定	快速溶剂萃取（乙腈）	高效液相色谱-串联质谱	0.4 g/m²
16	《纺织品 全氟辛烷磺酰基化合物和全氟辛烷羧酸的测定》	产品检测标准	GB/T 31126—2014	2014-09-03	国家质量监督检验检疫总局、国家标准化管理委员会	适用于各类纺织产品中全氟辛烷磺酰基化合物的测定	超声萃取（甲醇）	液相色谱-串联质谱	0.5 μg/m²
17	《皮革和毛皮 化学试验 全氟辛烷磺酰基化合物（PFOS）和全氟辛酸类物质（PFOA）的测定》	产品检测标准	GB/T 36929—2018	2018-12-28	国家市场监督管理总局、国家标准化管理委员会	适用于各种皮革、毛皮及其制品中 PFOS 和 PFOA 的测定	索氏提取（甲醇）+固相萃取	液相色谱-串联质谱	0.5 mg/kg（测定下限）
18	《铬雾抑制剂中全氟辛基磺酸及其盐类（PFOS）的测定 液相色谱-三重四极杆质谱法》	团体标准	T/CSEA 28—2023	2023-08-22	中国表面工程协会	适用于各类铬雾抑制剂中全氟辛烷磺酰基化合物（PFOS）含量的测定	快速溶剂萃取（溶剂为甲醇）	液相色谱-串联质谱	0.5 mg/kg

5.2 环境管理要求

5.2.1 法规标准

2013 年 8 月 30 日，全国人大常委会审议通过了涉及 PFOS 物质的《POPs 公约》（修正案），2014 年 3 月 26 日该公约（修正案）正式对中国生效。为有效解决中国 PFOS 物质管控与淘汰问题，2019 年，生态环境部等 11 部委发布了《关于禁止生产、流通、使用和进出口林丹等持久性有机污染物的公告》，规定除可接受用途外，禁止 PFOS/PFOSF 的生产、流通、使用和进出口。2022 年 9 月，生态环境部对外合作与交流中心发布全球环境基金"中国 PFOS 优先行业削减与淘汰项目"废弃含 PFOS 泡沫灭火剂无害化处置活动环境与社会安保意向征询公告，全力推动中国 PFOS 类物质在消防行业的削减与替代工作。国务院办公厅于 2022 年印发《新污染物治理行动方案》，加强了新污染物治理。生态环境部会同有关部门于 2022 年印发了《重点管控新污染物清单》（2023 年版），明确了对 PFOS 新污染物的禁止、限制、限排等环境风险管控措施。

5.2.2 环境风险评估与管控

PFOS 产品生产、加工、销售、采购全过程需要进行环境风险评估与管控。环境风险评估与管控构成了一个全面而精细的流程，旨在全方位地识别、分析、评估和有效控制那些可能对环境造成不利影响的潜在风险源。这些风险源广泛，包括但不限于化学物质的泄漏、不当处理的废物以及对自然资源的过度开发和利用，该过程依托一系列严谨且有序的步骤展开，起初通过环境影响评价和现场调查等方法对风险进行识别，然后利用故障模式与效应分析（Failure Mode and Effects Analysis，FMEA）及风险矩阵等定量和定性工具对这些风险进行深入分析，以明确它们可能对环境带来的影响程度及其发生的可能性。

在风险评估阶段，综合利用风险分析的结果，根据每个风险的严重性和发生概率进行细致排序，从而准确识别出哪些风险区域需要被优先考虑和管控。这一阶段是关键，它确保了资源的有效分配，对高风险区域采取更有针对性的管理措施。

风险管控阶段的主要目标是通过设计和执行一系列预防和减轻风险的措施来减少或消除这些被识别出的高优先级风险，其中针对 PFOS 产品的废物收运、贮存、处置过程中的安全管理要求是一个重要组成部分。这些过程需严格遵循环保法规和安全标准，以防止 PFOS 的环境释放以及危害人类健康风险。

5.2.2.1　废物收运

（1）标准化包装和车辆

确保所有含 PFOS 废物都使用防漏、耐腐蚀的容器进行封装。容器需明确标识，包括危险品标志和 PFOS 含量信息；运输 PFOS 废物的运输车辆，车厢内可以使用捆扎带或缠绕膜对废物进行临时固定，以防止废物收集容器翻转。除了司机、押运员的个人防护要求外，随车应配备应急物资：沙土、锯末、铁锹、扫帚、泄漏吸收棉、空铁桶等。

（2）运输资质

废物运输需由具备相应资质的运输公司执行，确保工作人员了解和遵守有关危险废物运输的法律法规。

（3）运输路线规划

制定安全的运输路线，避免经过环境敏感区域，严禁穿越饮用水水源保护区并规避在近地表水处停留。

（4）应急预案

制订和训练应急响应计划，以便在运输过程中出现泄漏或事故时迅速有效地应对。

（5）运输人员防护

运输人员在对 PFOS 废物进行运输时，应佩戴的防护品，包括安全帽、安全鞋、防化服、口罩（半面罩）、眼镜、面屏、手套。

5.2.2.2　废物贮存

（1）安全贮存设施

废物应存放在符合环保标准的设施中，贮存位置的选择应该参照《危险废物贮存污染控制标准》（GB 18597—2023）。PFOS 废物贮存库房必须符合贮存库建设标准，包括硬化地面，有防渗层，周边不能有裸露土壤，以及远离雨水井等。如有必要，设施应配备有泄漏收集系统以及防火、防爆措施。对贮存库内或通过贮存分区方式贮存液态危险废物的，应配有液体泄漏堵截设施，其最小容积不应低于对应贮存区域最大液态废物容器容积或液态废物总储量的 1/10（取二者中的较大值）；贮存罐区围堰容积应至少能够满足内部最大贮存罐意外泄漏时所需的危险废物收集容积要求。

（2）隔离管理

避免将含 PFOS 废物与其他类型废物混合存储，尤其是那些可能引起化学反应的物质。

（3）监控与安全检查

定期对贮存设施进行检查和维护，确保没有泄漏或其他安全隐患。同时，使用监控设备跟踪废物的状态和环境条件。

5.2.2.3 废物处置

（1）经营许可

处置单位应有相关废物处理的经营许可证。

（2）处理操作规范

处置单位应有针对 PFOS 废物的完善操作管理程序和操作指导书。

（3）处置方法选择

根据 PFOS 的化学稳定性和毒性，选择合适的处置方法，如高温焚烧或特殊化学处理，以确保其被彻底分解，防止其进入环境。

（4）合规的处置设施

必须在经过生态环境部门批准的专业处置设施进行废物处理，这些设施应符合处理危险废物的技术或指标和资质。

（5）处置记录和追踪

详细记录废物的处置过程和最终状态，确保所有活动都可追溯且符合环保法规。同时，应对尾气进行在线监测。对于无在线监测的处置设施，应委托具有资质的第三方进行定期监测。

（6）定期审计与评估

对处置活动进行定期审计和效果评估，以监控处置效果并确保持续遵守环保标准。

5.2.2.4 风险管理与持续改进

（1）风险评估

随着科学研究和技术的发展，定期进行风险评估，调整废物管理策略和措施。

（2）员工培训

对涉及 PFOS 废物管理的所有员工定期进行安全和环保培训，确保员工理解并且正确执行相关程序。

（3）利益相关者沟通

与政府、地方社区及其他利益相关者保持沟通，确保透明度和响应其环保关切。

（4）制定应急预案

定期进行应急演练，包括皮肤沾染、眼睛接触、吸入或食入 PFOS 废物，机械性外伤、物料泄漏等情况，不断提高操作人员的应急处置能力和熟练程度，必要时可与政府相关部门进行联合演练，以增强在事故发生条件下的协调配合。

1）皮肤沾染 PFOS 废物：如果皮肤接触到危险废物，则应立即用大量清水冲洗，观察情况，酌情就医。

2）眼睛接触 PFOS 废物：立即翻开上下眼睑，用流动清水或生理盐水冲洗，观察情况，酌情就医。

3）吸入或食入 PFOS 废物：迅速脱离现场转移至空气新鲜处，饮用足量温水，催吐，并尽快就医。

4）机械性外伤：现场初步清理伤口，消毒，止血，及时送医。

5）物料泄漏：发生少量泄漏时，采用抹布、木屑、干黄沙等合适吸附剂加以覆盖及混合，进行收集；发生大量泄漏时，应先进行堵漏，阻止事故恶化，并对泄漏的废液进行管控、收集和处置。

（5）PFOS 废物泄漏到雨水井内

1）立即关闭雨水排放阀。

2）对于危废经营单位，将泄漏物导流至事故池，并对事故池内水样进行采样检测，根据检测结果制定后续处置措施。

3）使用工具将泄漏进雨水井的 PFOS 废物打捞出或进行吸附。

4）使用化学吸收棉将井底、井壁上的残液进行吸附。

5）如果大量泄漏或不易与雨水分离，则需要将全部雨水作为含 PFOS 废液处置。

（6）PFOS 废物泄漏到裸露土壤

1）立即将发生泄漏的 PFOS 泄漏源关闭或移动到泄漏收集容器上。

2）迅速组织人员将被污染的表层土壤（目视）进行挖掘、阻断、收集。

3）如无明显的可识别迹象，对表层以下土壤特征指标进行快速监测，以确定污染深度，并根据监测规律决定继续挖掘的深度。

4）将挖掘出的土壤，装在收集容器内，按照含有 PFOS 废物的情况进行处置或根据当地生态环境部门要求进行处置。

同时，沟通和报告环节在整个环境风险评估与管控流程中起到了桥梁和纽带的作用。这一环节着重强调了与所有内部和外部利益相关者，包括员工、管理层、监管机构和公众进行开放、透明信息共享的重要性。通过定期的内部沟通和对外报告，不仅可以增强组织的透明度，还能提升公众参与度，进而促进了对环境管理责任的广泛认同和持续改进。整个环境风险评估与管控过程不仅显著降低了环境风险，还强化了组织对环境保护的承诺，推动了可持续发展战略的实施。

5.2.3　环境影响的透明公开

在整个项目的环境风险评估与管控流程中，应强调环境和社会影响评估的结果以及环境监测数据的定期公开。这不仅包括通过公开会议、网站更新和报告发布等方式确保信息的可访问性和透明度，还应包括利用社交媒体和其他数字平台广泛传播信息，确保所有利益相关者及时了解项目进展和自身对环境及社会的影响。公开的环境信息应包括以下几个方面：

（1）监测数据

提供详细的环境监测数据，包括空气质量、水质、土壤健康等关键指标的监测结果。这些数据应当以易于理解的方式呈现，如图表和可视化报告，以帮助公众理解环境质量的变化情况。

（2）评估结果

公布环境影响评估的结果，详细说明项目对生态系统、动植物及自然资源的潜在影响。评估报告应包括数据分析、结论和建议，确保公众了解项目的环境风险和应对措施。

（3）污染源排放情况

披露项目期间和项目完成后可能存在的污染源及其排放情况，包括具体排放物的种类、数量及其潜在的影响。通过透明的排放信息，增强相关企业责任感和公众信任。

（4）环境质量变化趋势

展示长期环境质量监测的数据趋势，分析项目实施前后的环境变化。通过对比分析，让公众了解项目对环境带来的积极或消极影响。

（5）环境保护措施

详细描述项目实施过程中采取的环境保护措施及其执行情况。例如，废水处理、废气排放控制、土壤修复等具体措施的实施进展和效果评估。

（6）公众反馈和参与渠道

建立公开的反馈机制，允许公众提交意见和建议。通过定期举行公开听证会、发布问卷调查、开设在线讨论平台等方式，确保公众能够积极参与到环境保护过程中来。

5.2.4　环境风险监测及数据报告

PFOS 产品环境管理的核心在于精准监测和评估。监测范围覆盖空气、水、土壤等各个方面，尤其要关注关键泄漏环节。制订高效监测计划是至关重要的，它需要设定精准指标，选择适当点位，以确保监测高效。监测频率基于污染物属性和风险确定，以便及时发现并响应问题。持续评估和复审可确保监测的有效性，通过调整优化计划，采纳新技术，可以提升效率与准确性，为环境保护和可持续发展奠定基础。具体应采取以下措施：

（1）构建全面覆盖的监测网络

建立全面覆盖的监测网络，确保对空气、水和土壤的全方位监测。重点监测区域应包括生产、储存、运输和废弃处理等关键环节，以便及时发现潜在的泄漏和污染事件。

（2）确定精准监测指标与点位

根据 PFOS 的特性，设定精准的监测指标，包括浓度、分布和迁移路径等。在选择监测点位时，应考虑环境敏感区域、下游水源地、人口密集区域等关键区域，以确保监测结果具有代表性和全面性。

（3）实施动态监测频率管理

监测频率应根据 PFOS 的属性和环境风险进行动态调整。在高风险区域或关键时间节点增加监测频率，确保能及时捕捉环境变化和潜在风险。在低风险区域和稳定期，适当减少监测频率，优化资源配置。

（4）应用先进监测技术

采用先进的监测技术，如实时在线监测系统、远程传感器、无人机监测等，以提高监测效率和数据准确性。同时，利用大数据分析和人工智能技术，对监测数据进行深度挖掘和预测，为科学决策提供支持。

（5）实现数据公开与透明化

建立环境监测数据公开平台，定期发布监测结果和评估报告。确保信息透明，方便公众监督和了解环境管理状况。利用数据可视化工具，将复杂的监测数据转化为易于理解的图表和报告，提升公众的环境意识。

（6）推动持续改进与技术创新

建立持续改进机制，定期评估监测计划和环境管理措施的有效性。积极采纳新技术和新方法，不断提升监测效率和数据准确性。与科研机构合作，开展前沿研究，为环境管理提供科学依据。

5.2.5　应急准备和响应

环境管理中，有效的计划至关重要，它能降低环境事故影响，并保护员工、社区和生态系统安全。应急准备和响应计划应基于风险评估，制定应对措施，并协同外部资源共同应对。通过技术和管理措施预防事故的发生，如维护设备、安全存储化学品、优化工艺。持续改进是关键，如引入 ISO 14001 等国际标准，为环境管理提供框架。定期对员工进行培训，增强员工环保意识，确保员工具备应对事故的能力。这些措施能够提升环境绩效，树立行业典范，实现可持续发展。

5.2.6　信息公开和公众参与

世界银行要求所有相关的环境文件都必须进行公示和公众参与，为同时满足国内和世界银行的要求，企业应采取以下措施：

1）企业应进行充分的信息公开。项目实施机构应在公众参与之前提供通俗易懂的信息公开材料，并采取受影响群体易于获取的方式公开信息，信息公开材料应当使用受影响群体易于理解的形式，并明确提供反馈的途径和方式。

2）企业负责开展公众参与以征求意见。企业或者其委托的技术单位应前往现场开展公众参与。公众协商应在信息充分公示（至少两周）之后，以有效的方式进行，如入户和个人访谈、座谈会及调查问卷的综合方式。调查重点应当是受影响的民众而非当地政府官员。

5.3 社会管理要求

5.3.1 法规标准

对 PFOS 进行环境无害化管理时，应秉持可持续发展的原则，遵守相关的法律法规和标准，以确保在产品的各个阶段都能够全面遵守相关规定，从而保障公众权益、维护公共安全，并推动行业的良性发展。

适用的世界银行的环境和社会标准见表 5-3。

表 5-3　世界银行的环境和社会标准

名称	编号
《环境评价》	OP/BP 4.01
《自然栖息地》	OP/BP 4.04
《病虫害管理》	OP 4.09
《少数民族》	OP 4.10
《文化遗产保护》	OP 4.11
《非自愿移民安置》	OP/BP 4.12
《林业》	OP 4.36
《大坝安全》	OP/BP 4.37
《国际水道项目》	OP/BP 7.50
《在有争议地区的项目》	OP/BP 7.60
《信息获取政策》	—

我国相关法律法规及标准见表 5-4。

表 5-4　我国相关法律法规及标准

法律法规及标准名称	生效年份
一般法规	
《中华人民共和国环境影响评价法》	2018
《中华人民共和国环境保护法》	2015
《建设项目环境保护管理条例》	2017
《建设项目环境影响评价分类管理名录（2021 年版）》	2021
《关于进一步加强环境影响评价管理和防范环境风险的通知》	2012
《关于印发环评管理中部分行业建设项目重大变动清单的通知》	2015

法律法规及标准名称	生效年份
《关于做好环境影响评价制度与排污许可制衔接相关工作的通知》	2017
《关于切实加强风险防范严格环境影响评价管理的通知》	2012
《建设项目环境影响评价技术导则　总纲》	2017
大气污染防治	
《中华人民共和国大气污染防治法》	2018
《大气污染物综合排放标准》	1997
《恶臭污染物排放标准》	1994
《危险废物焚烧污染控制标准》	2021
水污染防治	
《中华人民共和国水污染防治法》	2018
《地表水环境质量标准》	2002
《地下水质量标准》	2018
《污水综合排放标准》	1998
噪声污染防治	
《中华人民共和国噪声污染防治法》	2022
《建筑施工场界环境噪声排放标准》	2012
《工业企业厂界环境噪声排放标准》	2008
固体废物污染防治	
《中华人民共和国固体废物污染环境防治法》	2020
《一般工业固体废物贮存和填埋污染控制标准》	2021
《危险化学品安全管理条例》	2013
《危险废物填埋污染控制标准》	2020
《国家危险废物名录》（2021 年版）	2021
职业健康	
《中华人民共和国职业病防治法》	2018
《建设项目职业病危害风险分类管理名录》	2021
《工作场所职业卫生管理规定》	2021
《职业健康监护技术规范》	2014
安全生产	
《中华人民共和国安全生产法》	2021
《中华人民共和国消防法》	2021
《中华人民共和国清洁生产促进法》	2012
《生产安全事故应急预案管理办法》	2019
《建设项目职业病防护设施"三同时"监督管理办法》	2017
《建设项目安全设施"三同时"监督管理办法》	2015
劳工工作条件	
《中华人民共和国劳动法》	2018
《中华人民共和国劳动合同法》	2013

5.3.2 社会风险与影响的评价和管理

应对 PFOS 环境无害化管理项目（以下简称项目）进行社会评价，确保项目在社会层面的合理性和可持续性。社会评价应与项目的风险与影响相符，并能影响项目设计，以及被用于确定减缓措施和行动，从而改善决策。在整个项目周期内，应根据项目的性质、规模、潜在风险与影响对社会风险及影响进行与之相适应的系统管理。

5.3.2.1 社会风险与影响的目标

1）按照符合相关法律法规及标准的方式识别、评价和管理项目的社会风险与影响。

2）采用管理及减缓措施的方式，目的如下：

①预测并避免风险与影响；

②若无法避免风险与影响，则应尽可能采取措施将其降低或减少到可以接受的水平；

③当风险与影响有所降低或减少后，实施风险缓解措施；

④在技术和经济可行的前提下，对仍然存在的显著残余影响，应予以补偿或抵消。

3）实施差异化措施，确保不利影响不落在弱势群体，同时确保他们在享有发展效益和机会时不会处于不利地位。

4）在项目的评价、制定和实施过程中，可适时适当采用国家的社会制度、体系、法律法规和程序。

5.3.2.2 社会风险与影响的要求

1）应在整个项目周期中评价、管理和监测社会风险与影响，确保其符合相关法律法规及标准。

2）应开展项目社会评价，以评价整个项目周期各阶段的社会风险与影响。评价应与项目的潜在风险与影响相匹配，应从整体上评价项目周期内所有相关的、直接的、间接的和累积性的社会风险与影响。

3）社会评价应依据当前信息（包括项目与相关方面的准确描述和简要介绍）以及适当详细的社会基准数据，描述风险与影响及缓解措施的特征和识别措施。对项目的潜在社会风险与影响进行全面评估，分析替代方案的可行性，优化项目设计与实施方案，针对可能产生的社会不利影响制定分级管理及减缓措施，同时争取提升项目社会效益。社会评价中应包含利益相关方参与的内容，这是评价不可或缺的组成部分。

在整个项目周期内，持续按照与利益相关方利益性质一致、与项目潜在社会风险与影响相符的方式，与利益相关方协商并向其提供充分的信息。

5.3.3 监测评估

应根据相关法律法规监测项目的社会绩效，建立监测评估机制，包括内部监测与外部监测，对项目实施的情况，进行监督和监测。

5.3.3.1　内部监测

应确保有适当的机构设置、监测系统、资源和人员配置，以便开展监测工作。内部监测通常涉及跟踪和记录绩效方面的信息，以及建立相关的业务管控机制以确认和比较合规性和其过程。监测应根据绩效、相关监管机构要求采取的行动，以及来自利益相关方（如社区成员）的反馈进行调整。同时，应记录监测结果。

根据监测结果，应识别任何必要的纠正和预防措施，并将其纳入相关管理工作中。应根据相关管理工具实施商定社会标准的纠正和预防措施，并对这些措施的执行情况进行监测和报告。

若发生（或可能发生）与项目相关的、可能对受影响的社区、公众或工作人员有显著负面影响的事件或事故，则应立即发布通知。通知应包含事件或事故的详细说明（包括死亡人数或严重伤害情况）。应根据国家法律法规立即采取措施处理事故或事件，并采取措施预防其再次发生。

5.3.3.2　外部监测

在适当情况下，应组织利益相关方和第三方（如独立专家、当地社区或社会组织）参与，补充或确认其监测活动。若其他机构或第三方对特定风险的管理或缓解措施的实施负有责任，可与其合作制定措施并监督相关措施的执行。

5.3.4　劳工和工作条件

应确保项目工作人员处于安全健康的工作环境，从而促进建立良好的工作人员与管理层关系，提升项目的发展效益。

5.3.4.1　目标

1）保证项目工作人员的安全和健康。

2）促进对项目工作人员的公平对待，使其不受歧视，获得平等的机会。

3）保护项目工作人员，包括妇女、残疾人、青少年等弱势人员。

5.3.4.2　要求

（1）工作条件和工作人员关系管理

应制定并实施书面劳动管理程序。此类程序应说明管理项目工作人员的方式，并满足相关法律法规的要求。

1）雇佣条款和条件。应向项目工作人员提供能明确清晰地说明雇佣条款和条件的信息和文件。信息和文件应列明工作人员按照国家劳动和雇用法律（包括任何适用的集体协议）规定应享有的权利（包括工作时长、工资、加班、薪酬和福利方面的相关权利）。在确立工作关系伊始和雇佣条款与条件发生重大变更时，应提供此类信息和文件。

应根据国家法律和劳动管理程序要求定期为项目工作人员支付薪资。只有在国家法律或劳动管理程序允许的情况下，方可扣减工作人员的工资，且应向工作人员告知扣减工资的条件。应根据国家法律和劳动管理程序规定为项目工作人员提供足够的周休、年假以及病假、产假和事假。

在国家法律或劳动管理程序要求的情况下，项目工作人员将及时收到书面解雇通知和解雇费明细。在劳动关系终止时或终止前，应直接向项目工作人员，或在适当情况下，以有利项目工作人员的方式支付所有未付工资、社会保障金、养老金和其他福利。

2）不歧视和平等机会。不得根据与固有工作要求无关的个人特征决定项目工作人员的雇用或处理。雇用项目工作人员应本着机会平等和公平对待的原则，不得在雇佣关系和纪律措施中的任何方面存在歧视，包括招聘和雇用、薪酬（包括工资和福利）、工作条件和雇佣条款、培训机会、工作分配、升职、解雇和退休以及惩罚性措施。劳动管理程序应列明防止并处理对工作人员的骚扰、恐吓和/或剥削的措施。

（2）职业健康和安全

设计和实施职业健康和安全措施，以解决如下问题：①鉴别可能对项目工作人员生命构成威胁的危险，特别是生命威胁；②提供预防和保护措施，包括改变、替代或消除危险状况或物质；③对项目工作人员进行培训，并保存培训记录；④记录并报告发生的职业事故、疾病和事件；⑤对紧急情况做出预防、准备和应对安排；⑥对不利影响的补救措施，如职业性损伤、死亡、致残和疾病。

雇用或聘用项目工作人员的各方将制定实施程序，以建立和保持安全的工作环境，包括保证项目工作人员所控制的工作场所、机械、设备和流程均安全且无健康危害，并且使用与化学、物理、生物物质和制剂相关的适当措施。这些相关方将与项目工作人员积极合作并协商，以促进对职业健康与安全要求的理解并推广实施方法，以及向项目工作人员提供信息、开展职业健康和安全培训、提供个人防护设备（不向项目工作人员收取任何费用）。

应制定工作场所的流程，以供项目工作人员报告他们认为不安全或不健康的工作情形，以及在他们遇到有充分理由认为存在对生命或健康有严重危险的工作情形时，让自己远离此工作情形。此类情形下的项目工作人员不需要恢复工作，直到已采取必要的补救措施来纠正这类情形，项目工作人员不能因此而受到打击报复或遭受负面行动。

应为项目工作人员提供与工作环境相匹配的设施，包括餐厅、卫生设施和适当的休息区域。若为项目工作人员提供食宿服务，则应制定并实施食宿管理和食宿质量政策，以保护并促进项目工作人员的健康、安全和福利，便于项目工作人员获取满足其物质、社会和文化需求的服务。

若项目工作人员被一方以上雇用或聘用，且在一个地方一起工作，雇用或聘用工作人员的各方将合作应用职业健康和安全的要求，而不影响各方对其工作人员健康和安全负责。

开发一个用于定期审查职业健康与安全绩效以及工作环境的系统，该系统包括确定安全与健康危险和风险、实施用于应对已确定危险和风险的有效措施、设定行动的优先顺序以及评估结果。

5.3.5　社区健康与安全

项目活动、设备和基础设施建设会影响附近社区的健康和安全，应避免或最大限度地减少上述风险与影响，并重点关注弱势群体。

5.3.5.1　目标

1）预见并避免项目周期内因例行和非例行情况对受项目影响社区的健康与安全造成的不利影响。

2）制定有效的措施来解决突发事件。

3）保障人员和财产安全，避免或最大限度地降低受项目影响社区面临的风险。

5.3.5.2　要求

（1）危险物质的管理与安全

应避免或最大限度降低由项目所排放的危险材料及物质对社区造成的潜在风险。如果存在可能导致公众（包括工作人员及其家属）面临危险，特别是可能危及生命的情况，应采取特别措施，通过修改、替换或排除可能导致危险的条件或物质，避免或最大限度降低风险。

实施有效措施与行动，以保障危险物品在运输、储存及处置各环节中的安全。

（2）应急准备和响应

应制定并实施舆情危机管理标准以及反恐安保管理规定的相关社会风险应急预案，应急预案应至少包括：①与危险的性质和规模相匹配的工程控制措施（如控制、自动报警和关闭系统）；②确定项目场地和附近区域有应急设备并能保证其随时可用；③指定应急人员的通知程序；④通知受影响社区和其他利益相关方的不同媒体渠道；⑤应急人员的培训计划，包括定期演练等；⑥公众疏散程序；⑦指定的应急预案落实协调人员；⑧重大事故后的环境恢复和清理措施。

一般企业的社会风险包括自然灾害类、生产事故类、资产经营类、劳动关系类、信息安全类、群体性事件，以及涉外事件类问题。企业应针对社会风险，在发现社会风险时，第一时间向公司舆情归口部门发出预警，并根据风险性质将风险事件划分为特大、重大、较大、一般四个风险等级进行评判，并展开相应的新闻通稿内部通知、书面报告等方面的工作。

发生一般突发事件时，通过报警系统、岗位操作人员巡检等方式及早发现并及时采取有效措施予以处理。发生较大或重大突发事件时，报警系统、岗位操作人员虽能及时发现，但一时难以控制，则依照报警—接警、警情判断—应急启动—应急结束—后期处置等程序予以处理。

应定期审查应急预案，以确认它仍然能够处理可能出现的与项目有关的紧急事件。

5.3.6 利益相关方参与和信息公开

应当保持信息透明，及时公布有关 PFOS 的信息，包括产品成分、环境影响、安全风险等内容，给公众和利益相关者提供客观准确的信息。

信息公开是项目方与公众之间的一种双向交流，是项目减少自身风险和社会影响的一个重要机制，也是项目信息公开透明和公众参与的重要方式。

5.3.6.1 目标

1）识别利益相关方并与之建立和保持建设性联系。

2）评估利益相关方就项目所获得的效益和所提供支持的水平，在项目设计及环境和社会管理中考虑利益相关方的意见。

3）提供有效且包容性强的参与方式，使受项目影响的各方在整个项目周期内充分参与讨论可能对他们产生影响的问题。

4）确保以及时、易于理解和适当的方式向利益相关方公开有关环境和社会风险与影响的适当项目信息。

5.3.6.2 要求

利益相关方参与和信息公开涉及以下环节：

（1）利益相关方识别和分析

当风险和影响已得到初步评估并着手进行降低或减少时，在实施缓解措施的过程中，利益相关方的识别和分析是至关重要的一环，它直接关系到风险缓解策略的有效性和可持续性。识别步骤包括：①初步筛选，通过项目背景分析、文献回顾、专家咨询等方式，初步列出可能涉及的利益相关方。②详细调查，采用问卷调查、访谈、小组讨论等方式，进一步收集利益相关方的详细信息，包括他们的角色、利益、关注点、影响力等。③分类与优先级排序，根据利益相关方的特性，如影响力大小、利益相关性、支持程度等，将利益相关方进行分类，并确定其优先级。常见的分类方法包括权力/利益矩阵、影响力/利益矩阵等。利益相关方的分析内容包括：①利益分析。明确各利益相关方的利益诉求，包括经济利益、社会利益、环境利益等，以及利益间的冲突与协调。②关注点分析。分析利益相关方对项目或决策的具体关注点，如安全、质量、成本、环保、社会影响等。③影响力分析。评估利益相关方对项目或决策的影响力，包括决策权、资源掌握情况、信息传播能力等。④态度分析。了解利益相关方对项目或决策的态度，如支持、中立还是反对，以及态度可能发生的变化。⑤关系网络分析。包括利益相关方的相互影响，合作与竞争，以及关系对决策的影响。

（2）信息公开

将公开项目信息，让利益相关方了解项目的风险和影响以及潜在机会。应在世界银行开展项目评估之前，在与利益相关方就项目设计进行有意义的磋商的时间期限内，尽早向利益相关方提供以下信息：①项目的目的、性质和规模；②项目活动的持续时间；③项目对当地社区的潜在风险和影响、缓解这些风险和影响的建议、突出可能对弱势群体造成更坏影响的潜在风险和影响、描述避免和缓解风险与影响的不同措施；④拟定利益相关方参与的过程，突出利益相关方可参与的方式；⑤拟定公众磋商会面的时间和地点，以及会面的通知、总结以及报告的过程；⑥提出和解决申诉的流程和方式。

（3）访谈与磋商

与相关管理人员访谈，了解项目背景、项目规模、项目影响情况、劳工管理情况等；走访相关政府部门，了解项目的环境现状、环保法规要求、环境监管频率和环境申诉等；社会层面主要了解项目所在地的用地规划和相关政策；访谈项目工人，了解劳工工作条件、福利待遇、劳工管理情况等；走访项目周边，识别敏感点。各利益相关方的意见和建议应纳入环境和社会管理计划。

（4）建立申诉机制

申诉机制：在项目准备和实施过程中，为了及时了解和解决项目给受影响人及其他利益相关方带来的影响和问题，确保受影响群体对信息公开的需求和尽可能广泛地进行公众参与（不仅限于周围社区），应建立多层次的申诉渠道。项目申诉处理流程见图 5-1。

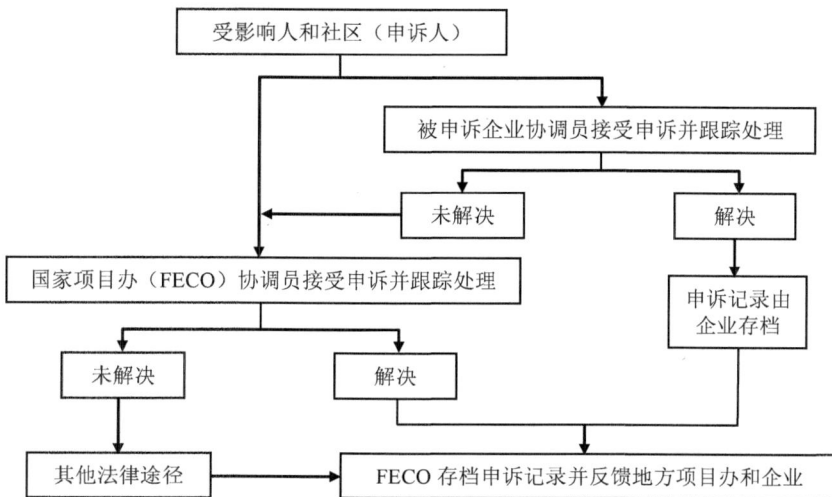

图 5-1　项目申诉处理流程

第6章 PFOS 替代品及替代技术的发展

6.1 PFOS 替代品的种类与应用介绍

目前，为了替代 PFOS，市面上已经研发了许多替代品并广泛应用。全球绝大部分国家已经停止生产和使用 PFOS 及其盐类和全氟辛基磺酰氟，并已有成熟的替代品。根据《POPs 公约》最佳可行技术和最佳环境实践（BAT/BEP）导则和文献调研，目前 PFOS 及其盐类和全氟辛基磺酰氟的主流替代品可按化学结构和特性分为以下三类：①全氟烷基类化合物。如电解氟化法生产的全氟化合物（C₄~C₆）和环状全氟烷酸类。②多氟烷基类化合物。如含氟调聚物、全氟聚醚（PFPE）及衍生物和改性多氟化合物。③不含氟类。以下是一些常见的 PFOS 替代品的分类及其应用领域[68,105]。

6.1.1 短链替代品

6.1.1.1 全氟丁基磺酸

全氟丁基磺酸（Perfluorobutane sulfonic acid，PFBS）是一种全氟化合物，属于全氟烷基磺酸类。全氟丁基磺酸分子中有一个丁基链，链上每个碳原子上都连接有氟原子，最后一个碳原子连接一个磺酸基，分子式为 $C_4F_9SO_3H$。PFBS 是一种无色、无味的液体，具有较低的表面张力和黏度（图 6-1）。由于其全氟化学结构，PFBS 具有较高的热稳定性、化学稳定性和惰性，不容易与许多化学物质发生反应，对酸、碱、氧化剂等具有较高的抵抗能力。

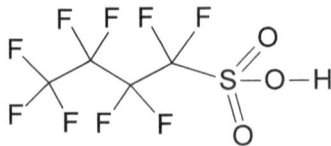

图 6-1 PFBS 结构

　　PFBS 较 PFOS 具有更高的水溶性和更低的生物累积性。由于碳链缩短，PFBS 的亲水性增强，而脂溶性降低，因此其难以在生物体内累积，从而降低了对环境的长期污染风险。PFBS 对水生生物、陆生植物以及哺乳动物的毒性显著低于 PFOS。例如，全氟丁基磺酸钾（Perfluorobutane sulfonic acid potassium salt，PFBSK，PFBS 的钾盐形式）对水生生物的急性毒性终点均大于 100 mg/L，而对小麦和水稻的毒性影响较小，特别是对水稻的影响几乎可以忽略不计。PFBS 在工业和消费品中被广泛应用：①表面处理剂。在纺织、皮革、涂料等行业中，PFBS 可以替代 PFOS 作为表面处理剂，赋予材料优异的防水、防油性能。同时，由于其低毒性和环境友好性，更符合现代工业对绿色化学品的需求。②阻燃剂。PFBS 及其盐类（如 PFBSK）由于其高熔沸点和低蒸气压，可用作阻燃剂，替代 PFOS 在相关领域的应用。这种替代不仅保持了产品的阻燃性能，还降低了对环境的潜在危害。③光刻胶光酸剂。全氟丁基磺酸三苯基锍盐（TPS-PFBS）作为光刻胶中的光酸剂，可以替代传统的全氟辛基磺酸三苯基锍盐（TPS-PFOS），用于 157 nm、193 nm、248 nm 等光刻工艺中。这种替代品不仅提高了光刻胶的性能，还降低了对环境的污染。综上所述，PFBS 在不同应用方面对 PFOS 的替代具有显著的优势。其环境友好性、应用广泛性与可行性使得 PFBS 成为替代 PFOS 的理想选择。

6.1.1.2　全氟丙基磺酸

　　全氟丙基磺酸（$C_3F_7SO_3H$，PFPrS）分子中有一个丙基链，链上每个碳原子上都连接有氟原子，最后一个碳原子连接一个磺酸基（图 6-2）。PFPrS 分子结构中含全氟化丙基链（C_3F_7—）和末端磺酸基团（—SO_3H），在保持 PFOS 优异表面活性的同时，因碳链缩短显著降低了环境持久性和生物累积性。PFPrS（C_3）曾作为 PFOS（C_8）的第一代短链替代品，具有以下突出优势：①环境友好性提升。较 PFOS（C_8）更易降解，在环境中半衰期缩短至 2~5 年，且生物累积因子（BAF）降低约 2 个数量级。②性能相当。在纺织、皮革等行业中能有效提供防水、防油性能。③应用广泛。特别适用于电镀润湿剂、消防泡沫（过渡期使用）及含氟聚合物加工助剂等关键领域。PFPrS 曾主要用于电镀行业润湿剂、消防泡沫和含氟聚合物加工助剂。随着对短链 PFAS 风险的认知加深，PFPrS 的使用正在减少，但尚未完全禁用。

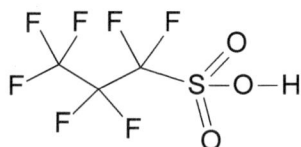

图 6-2　PFPrS 结构

6.1.2 氟代烷基替代品

6.1.2.1 氟代醚

氟代醚（Perfluoroether）全称为全氟烷基醚，是一类含有氟原子的有机化合物，属于全氟化合物，其分子式为 CF_2O。氟代醚属于全氟烷氧化物类，其分子中全氟烷基与氧原子直接相连，没有其他碳链基团（图 6-3）。氟代醚是一种无色、无味、易挥发的液体，具有低表面张力和高介电常数等特性。它不易受到酸碱、氧化剂和还原剂的影响，在高温下才会发生裂解反应，具有较强的氧化性、惰性和稳定性。然而，由于其具有较短的碳链以及这类物质存在的化学结构差异，因此具有较低的环境持久性和更好的生物降解性，对环境的影响相对较小。氟代醚在工业领域中主要用作电子产品、食品包装、油墨、胶黏剂等。此外，它还可以用于材料表面改性、金属表面处理和气体吸附材料等领域。

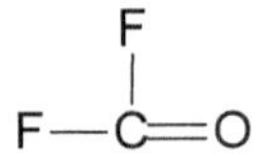

$$F—C=O$$

图 6-3　CF_2O 结构

6.1.2.2 氟代烷基聚醚

氟代烷基聚醚（Perfluoroalkyl polyether）属于全氟化合物类，其通用结构式为 $C_mF_{2m+1}O(C_2F_4O)_nC_mF_{2m+1}$。不同的氟代烷基聚醚分子结构中，Rf 和 n 的长度和取代位置可能不同。氟代烷基聚醚具有低表面张力、高介电常数和极佳的耐热性、耐溶剂性等特性。此外，氟代烷基聚醚还具有惰性和高稳定性等特性。它不易受到酸碱、氧化剂和还原剂的影响。氟代烷基聚醚的生物降解性优于 PFOS，对环境的污染更小。在使用过程中，氟代烷基聚醚的排放和残留问题相对较少，有利于生态环境的保护。氟代烷基聚醚在工业领域中主要被用于防水透湿材料、抗油污染剂、润滑剂、强化剂等。另外，它们也被广泛用于半导体制造、涂层材料、电力设备以及航空航天等领域。

6.1.3 非氟代烷基替代品

6.1.3.1 烷基醇（酚）聚醚磺酸盐

烷基醇（酚）聚醚磺酸盐 [Alkyl Alcohol（phenol）polyether sulfonic acid salt] 是一种非离子-阴离子型表面活性剂，其分子内具有非离子和阴离子两种不同性质的亲水基，使其同时具备了两种离子的优点，既有良好的耐碱、耐盐性能，又有良好的耐温性能和良好的配伍性能，适用于多种恶劣环境。烷基醇（酚）聚醚磺酸盐的生物降解性优于 PFOS，减少了对环境的长期污染风险。在使用过程中，其排放和残留问题相对较少，有利于生态环境的保护。其降低界面张力的能力显著，有助于提高原油采收率等应用效果。烷基醇（酚）聚醚磺酸盐由于末端的磺酸基（—C—SO₃H）中硫原子直接与碳相连，不仅具有很高的抗盐、抗高温能力，而且化学稳定性远远优于醇醚硫酸盐，主要应用于制造防水透湿涂层、抗油污染剂等（图 6-4）。

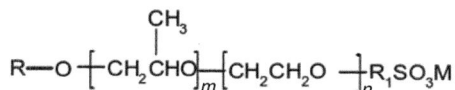

$$R-O-\left[CH_2\underset{\underset{CH_3}{|}}{C}HO\right]_m\left[CH_2CH_2O\right]_n R_1SO_3M$$

图 6-4　烷基醇（酚）聚醚磺酸盐结构

6.1.3.2　烷基酚聚氧乙烯醚

烷基酚聚氧乙烯醚（Alkylphenol polyoxyethylene ether，APEO）是一类非离子表面活性剂，其中壬基酚聚氧乙烯醚（Nonylphenol ethoxylate，NPEO）占 80%以上，辛基酚聚氧乙烯醚（Octaphenyl polyoxyethylene，OPEO）占 15%以上；十二烷基酚聚氧乙烯醚（Dodecyl polyoxyethylene ether，DPEO）和二壬基酚聚氧乙烯醚（Dinonylphenol polyoxyethylene ether，DNPEO）各占 1%左右。APEO 在乳化、分散、洗涤等方面具有与 PFOS 相似的性能，因此在许多应用中可以直接替代 PFOS 而不影响产品的使用效果。尽管 APEO 本身也存在一定的环境风险（如生物降解性差、具有毒性等），但与 PFOS 相比，其环境友好性更高。APEO 的生物降解性相对较好，且在水中的残留量较低。此外，APEO 的毒性相对较低，对人类和环境的危害较小。APEO 具有良好的乳化、分散和洗涤性能，可用于生产各种洗涤剂和清洁剂。在替代 PFOS 的应用中，APEO 能够保持或提高产品的清洁效果，特别是在工业清洗领域，APEO 可以作为高效去污剂，用于金属、玻璃、塑料等表面的清洗。APEO 在纺织印染行业中作为前处理助剂、染色助剂和整理剂等，能够改善织物的润湿性、渗透性和染色均匀性，替代 PFOS 后，APEO 仍能保持这些优异的性能，同时减少对环境的污染。APEO 在农药制剂中作为乳化剂，能够提高农药的稳定性和分散性，有助于农药在靶标上的均匀分布以及持效性，与 PFOS 相比，APEO 在农药乳化方面的应用更广泛且安全。

依据《持久性有机污染物审查委员会第六次会议工作报告》中《关于全氟辛基磺酸及其衍生物的替代品的指导文件》内容，表 6-1 总结了有关全氟辛基磺酸用途替代品的资料。此外，POPs 审查委员会第十四次会议（POPRC.14）上《关于评估全氟辛基磺酸、其盐类和全氟辛烷磺酰氟替代品的报告草稿》中根据职权范围，对目前可用于全氟辛基磺酸和相关化合物的替代品的可用性、适用性和实施情况进行最新评估，侧重于以下几点：①可用性。替代品是否在市场上且准备立即使用；是否已知商业产品和商品名称；产品的化学配方是否已知或保密；地理、法律或其他限制因素是否影响可以使用的替代方案。②适用性。替代方案在技术上是否可行，关键在于其是否已被证明具有与原方案同等的性能特征；关于疗效的信息，包括替代品的性能、益处和局限性。③实施。备选方案是否已经实施或处于试验或建议阶段。例如，已发出全氟辛基磺酸生产/使用通知的缔约方数目以及生产、使用和出口的时间趋势等因素将对我们评估备选方案的实施进度和可行性产生重要影响。

表 6-1　有关全氟辛基磺酸用途替代品的资料

用途	用途说明	采用的替代品
纺织品、皮革和地毯的浸渍	得益于含全氟辛基磺酸物质所具备的疏油、疏水、防污性能等，而被用作纺织品、皮革和地毯制造过程的防污和耐久性处理。目前，相关应用在大部分经济合作与发展组织国家已逐步淘汰	其他含氟化合物，如 C_6-含氟调聚物和全氟辛基磺酰氟、含硅产品、氯化硬脂酰胺甲基嘧啶；用于皮革的全氟丁基磺酸盐
纸张和硬纸板的浸渍	得益于含全氟辛基磺酸物质所具备的防油和防水性，而被用作纸张制造过程的防油和防水处理，以及增加纸张强度、挺度和耐磨性。目前，相关应用在大部分经济合作与发展组织国家已逐步淘汰	含有含氟调聚物的物质及磷酸盐
用于汽车和地板的清洁剂、蜡和抛光剂	得益于含全氟辛基磺酸物质的低表面张力、热稳定性和化学稳定性，被用作清洁剂的一部分以提高清洁效果，同时应具有提高表面光泽度和持久性的效果，在汽车蜡和地板抛光剂中被应用。目前，相关应用在大部分经济合作与发展组织国家已逐步淘汰	含有含氟调聚物的物质、含氟类聚醚、C_4-全氟化合物
表面涂层、油漆和清漆	得益于含全氟辛基磺酸物质优异的防油、防水和防污性能，常被用作表面涂层、油漆和清漆添加剂，以提高防油、防水、防污性能、光洁度、美观度、耐久性和耐候性。目前，相关应用在大部分经济合作与发展组织国家已逐步淘汰	含调聚物的化合物、含氟类聚醚、全氟辛基磺酰氟、丙基芳香化合物、硅酮表面活性剂、磺基琥珀酸酯、聚丙烯乙二醇醚
石油生产和采矿	全氟辛基磺酸衍生物有时可能作为表面活性剂用于石油和采矿产业，如可用作油田开采过程中的助剂和油品添加剂，如驱油剂、破乳剂、降黏剂、润滑油添加剂、燃料油添加剂等。在采矿行业中常被用作选矿剂，特别是在浮选过程中，还可以用于生产其他矿用化学品，如防水剂、防尘剂等	全氟辛基磺酰氟、含调聚物的含氟表面活化剂、用全氟烃基替代的胺、酸、氨基酸和硫醚酸
摄影行业	在摄影行业的应用：胶片或数字摄影传感器涂层的制造、作为影像稳定剂的一种成分而提高摄影设备的稳定性，以及用于生产摄影器材的清洁剂和保养品。改用数码技术已显著减少这一用途	含调聚物的表面活性剂产品、碳氢表面活性剂、含硅产品、包含 3~4 个碳原子（C_3~C_4）的含氟化学品

用途	用途说明	采用的替代品
电气电子组件	含全氟辛基磺酸的化学品正在或已被用于制造数码相机、手机、打印机、扫描仪、卫星通信、雷达系统等	就大部分用途而言，已有可得替代品或替代品正在研制中
半导体行业	全氟辛基磺酸仍使用在半导体制造的光刻和刻蚀工艺，以及清洗和表面处理环节，但使用浓度较低	尚未确定具有可比有效性的替代品，根据该行业的情况，研制此类替代品可能需要 5 年。应该可以使用全氟辛基磺酰氟、含氟类聚醚或调聚物
航空液压油	含全氟辛基磺酸的化合物可能仍使用在航空液压油制造、性能提升，并最终应用在飞机系统中	可使用其他含氟物质和磷酸盐化合物
农药	氟虫胺是在一些国家作为活性物质和表面活性剂用于针对白蚁、蟑螂和其他害虫的农药产品。其他含氟表面活性剂可能作为惰性表面活性剂用于其他农药产品	合成胡椒基类化合物，如 S-烯虫酯、吡丙醚、氟虫腈和毒死蜱，是活性物质替代品，有时会混合使用。可能存在表面活性剂的替代品
医疗设备	医院里老旧的电子内镜含有电荷耦合器件滤色器，其中含少量全氟辛基磺酸。全氟辛基磺酸还被作为有效分散剂用于生产不透射线导管的造影剂	修复这些电子内镜需要含有全氟辛基磺酸的电荷耦合器件滤色器。新的电荷耦合器件彩色滤光片不含全氟辛基磺酸。就不透射线乙烯-四氯乙烯导管而言，全氟辛基磺酰氟可替代全氟辛基磺酸作为造影剂的有效分散剂
金属镀层	全氟辛基磺酸化合物仍用于镀铬工艺中的雾抑制剂或润湿剂。就装饰镀铬而言，三价铬已替代六价铬。除了镀铬外，全氟辛基磺酸化合物还在镀锌、镀镍等工艺中有所应用	一些不含氟的替代品已经上市，但在镀硬铬方面不够有效。C_6-含氟调聚物已用作替代品，可能会有效；也可使用全氟辛基磺酰氟衍生物，或使用物理阻挡层作为替代品

6.2　PFOS 替代技术的种类及应用介绍

依据 POPs 审查委员会第五次会议上的《审议与列出持久性有机污染物和候选化学品的替代品和替代物有关事项的一般性指导原则》，在替代 PFOS 时需要识别和评估 PFOS 替代品，基本的替代思路包括：①收集化学品用途和排放有关的信息，描述该化学品的现存用途和功能以及与环境排放有关的信息；②识别潜在的替代品，评估替代品的可得性、技术可行性、可用性和有效性；③评估与替代品有关的风险，筛选并鉴定持久性有机污染物、识别其有害属性、研究非化学替代品的可行性、验证其他地区对这类污染物的控制措施；④进行替代品的社会评估和经济评估。

PFOS 替代技术的研究方向主要包括寻找替代品、改进生产工艺以及设计新型功能性材料。替代品需要具有可获得、技术上可行、可用并且有效的特点。为了研发环境友好型的替代品，同时保持 PFOS 原有的优良性质，商业化主流的替代品策略主要分为短链替代长链、多氟替代全氟和减少含氟链段的"有效长度"三种手段。以下将具体介绍氟代烷基替代技术、非氟代烷基替代技术以及绿色化学替代思路。

6.2.1 氟代烷基替代技术

PFOS 的持久性有机污染物属性引发了环保领域的担忧，为寻找性能卓越且环保友好的替代品，氟代烷基替代技术应运而生。氟代烷基替代技术旨在通过缩短氟化烃链条、氟化物改性等方式，生产具有更低的环境持久性和生物累积性的 PFOS 替代品。短链氟化物结构不够稳定，在环境中更易降解，但其化学性质仍具备类似于 PFOS 的化学特性，通过缩短氟化物的链长，并优化氟化反应条件，可减少副产物的形成，从而确保产品的有效性和稳定性。改性氟化物主要是对现有氟化物进行化学改性，降低持久性和生物累积性，以减少其环境影响。可通过引入降解性基团（如酯基、羧基、氨基等），以增加化合物的生物降解性。这些基团能够在环境中更快地分解，减少持久性；还可通过调整氟化物的亲水性和疏水性平衡等方式，改变氟链结构，降低化合物的稳定性，从而加速其降解。

氟代烷基替代技术的实际应用是技术发展历程中至关重要的一环。各个领域对环保性能的需求推动了氟代烷基替代技术的不断升级和优化。目前，氟化烷替代产物主要以 PFBS 和 PFPeS 为代表。PFBS 具有较短的全氟碳链，不同于 PFOS 的长碳链结构，可降低其在生物体内的富集和生态风险。PFBS 的润湿性和表面张力使其成为理想的清洗剂和涂层材料，在提高产品可靠性、降低生产成本和减少对环境的不良影响方面都发挥了重要作用。随着对 PFBS 等替代品的深入研究，PFPeS 作为另一种潜在的 PFOS 替代品引起了广泛关注[106]。PFPeS 具有更短的全氟碳链，相较于 PFBS，其性能在一些特定应用场景下表现更为出色，为产业界提供了更多的选择，如 PFPeS 在高温、高湿条件下表现出色，使其成为电子元器件涂层的首选。此外，氟代烷基替代技术在工业润滑剂领域的成功应用为行业带来了新的发展机遇。PFPeS 等替代品具有出色的高温稳定性和耐腐蚀性，能够在极端条件下维持优异的润滑性能，不仅能够降低摩擦损失，延长机械设备使用寿命，还有助于提高能效，减少能源浪费。

6.2.2 非氟代烷基替代技术

PFOS 替代技术中的非氟代烷基替代技术是为了降低 PFOS 及其衍生物在环境中的潜在危害，寻找更环保可持续的替代方案而涌现的一类技术[107-109]。这些替代技术着重于使用不含氟或含氟量极低的替代品，以减少生态风险、提高环境可持续性，并在各个行业中应用以取代 PFOS。目前，烷基聚醚磺酸盐和烷基酚聚氧乙烯醚的生产是非氟代烷基替代技术的重要体现。

烷基聚醚磺酸盐是一类被广泛研究的 PFOS 替代品。其分子结构中包含烷基基团和聚醚磺酸盐基团，烷基链的长度和聚醚链的结构可以调节，并具有良好的泡沫稳定性以实现类似于 PFOS 的表面活性功能，在一定程度上模拟 PFOS 的表面活性特性；此外，与 PFOS 相比，烷基聚醚磺酸盐通常不含全氟化合物，更容易降解、生物毒性更低，用该物质替代 PFOS 可减少对环境的潜在危害。

烷基聚醚磺酸盐替代 PFOS，该技术关键在于烷基聚醚磺酸盐的合成以及确保和 PFOS 性能相似。制成烷基聚醚磺酸盐主要包括以下工艺环节：①首先合成烷基聚醚链，通过环氧化物和醇的反应生成聚醚链。常见的方法是使用环氧乙烷与长链醇反应，形成聚醚醇。②将聚醚醇与磺酸试剂反应，通常使用磺酸氯化物或磺酸钠。这个步骤引入磺酸基团，形成具有表面活性功能的磺酸盐。③通过离子交换、膜分离或其他纯化技术去除副产物和未反应的原料，获得高纯度的烷基聚醚磺酸盐产品。④对产品进行详细的质量检测，包括表面活性、稳定性和环境影响评估，确保其性能符合要求。⑤根据具体应用需求调整配方和工艺，确保烷基聚醚磺酸盐在实际使用中能有效替代 PFOS。该技术生产的替代产品，需要在实际场景中进行测试，目前在大量引进 PFOS 替代产品的行业，如清洁剂、涂料和消防行业等进行测试，根据替代的效果、性能稳定性以及替代技术的经济可行性，实现 PFOS 合理取代。

用烷基聚醚磺酸盐替代 PFOS 的技术，目前在不同领域已实现。在清洁剂领域，烷基聚醚磺酸盐取代 PFOS 而广泛应用，提供了出色的润湿和分散性能，同时具备良好的生物相容性，降低了对水环境的影响。在电子制造行业，烷基聚醚磺酸盐替代技术也取得了一些成功。在半导体制造中，这些替代品在光刻工艺中表现出与 PFOS 相似的性能，同时减少了对氟化物的依赖，降低了环境风险。

烷基酚聚氧乙烯醚是另一类被广泛研究的 PFOS 替代品。该物质作为表面活性剂，其分子结构包括烷基酚基团和聚氧乙烯醚基团，表面活性来自其聚氧乙烯链，这些链在水中能够有效地降低表面张力，类似于 PFOS 的功能，具有良好的表面活性。但其结构的差异使其在化学稳定性和环境降解性上与 PFOS 有所不同，通过减少或避免全氟化基团的使用，可降低其在环境中的持久性和生物累积性。其分子结构不含氟，从而减少了对环境的氟化物污染。

用烷基酚聚氧乙烯醚替代 PFOS 的技术路线主要包括以下重要部分：①准备基础原料，选择合适的烷基酚（十二烷基酚等）确保最终产品的性能；通过氧化乙烯单体与催化剂反应制备聚氧乙烯，将其作为聚合剂。②一般在 60～80℃的环境下，使用催化剂将烷基酚与氧乙烯进行加成反应，完成酚聚合反应；通过控制氧乙烯的加料量和反应时间来调节烷基酚聚氧乙烯醚的分子量和聚合度，完成聚合过程。③通过上述反应后，还需对烷基酚聚氧乙烯醚进行净化和精制，用中和法去除未反应的酸催化剂；通过过滤或离心去除固体杂质；蒸发以去除溶剂和副产品，得到纯净的烷基酚聚氧乙烯醚。④为了使该产品能高效合理替代不同用途的 PFOS，需要在实际应用中开展对产品的检测和质量控制，检测烷基酚聚氧乙烯醚的表面活性、泡沫稳定性、润湿性等性能；评估烷基酚聚氧乙烯醚的生物降解性和生态毒性等，并验证该物质的性能和效果以进一步优化物质的生产质量。

在清洁剂和润滑剂领域，烷基酚聚氧乙烯醚替代技术已经成功应用。这些替代品提供优异的润滑性能，同时具有较好的生物降解性，有助于减少在使用和处置过程中的环境影响。在包装与印刷领域，烷基酚聚氧乙烯醚替代品被广泛研究用于替代 PFOS，以提供印刷油墨的优异性能。

6.2.3　绿色化学替代思路

绿色溶剂的研究是 PFOS 替代技术中的重要工作，如聚合物和纳米技术的发展为 PFOS 替代技术提供了新的思路。研究者通过设计特殊结构的聚合物和纳米材料，正在努力寻找具有出色性能的替代品。这些材料在包装、涂层、油墨等领域的应用备受关注。例如，设计纳米结构的材料能够在涂层中有超疏水性能，可减少对水环境的污染。在电子制造领域，采用聚合物和纳米技术的 PFOS 替代品在光刻工艺中取得了一些成功。这些替代品的高分子结构和表面特性使其成为电子器件制备中的理想选择，同时也降低了对 PFOS 的依赖。

功能性化合物的创新应用是 PFOS 替代技术中的另一方向。研究者通过对分子结构进行调整，努力寻找那些在不同应用场景中性能优越、同时具备环保性能的化合物。在这个领域，一些具有特殊功能基团的化合物被设计用于替代 PFOS[110]。在油墨和涂料领域，采用功能性化合物的 PFOS 替代品能够保持卓越的印刷性能，并且降低了对有机溶剂的依赖，减轻了对环境的负担。这种创新应用为 PFOS 的替代提供了更多的可能性。

在 PFOS 替代技术中，产业合作与标准制定起到了关键的推动作用。产业合作通过促进企业、研究机构和政府之间的深度协作，加速了各个替代技术的商业化和市场化，解决了实际应用中的问题，并为技术优化提供了宝贵经验。同时，标准制定为 PFOS 替代品的规范化应用提供了科学依据，确保了产品的品质和一致性，推动了环保技术的规范发展。总的来说，PFOS 替代技术通过氟代烷基替代技术、非氟代烷基替代技术、聚合物和纳米技术、功能性化合物、绿色溶剂的研究与应用，以及产业合作与标准制定等多方面的努力，正在不断为替代 PFOS 提供更为环保可持续的解决方案。这些努力有望在未来推动 PFOS 替代技术朝着更加成熟、可持续的方向发展，为环保科技领域带来更多创新和发展机遇。

6.3 PFOS 的行业应用与替代

6.3.1 消防行业

自 20 世纪中叶起，PFOS 就被用于消防行业中的 AFFF，能有效冷却燃烧表面、阻断氧气供应，因具备高效性和长期储存性而被广泛应用于石油、石化火灾的应对方面。

2019 年 5 月，《POPs 公约》缔约方大会第九次会议审议通过了关于 PFOS 类的修正案（以下简称 2019 年修正案）[111]，将灭火泡沫由可接受用途调整为特定豁免用途，即只有在特定的条件下才可以使用。允许使用"灭火泡沫"的特定条件为"在已安装系统（包括移动和固定系统）中用于抑制液体燃料蒸气和用于扑灭液体燃料火灾（B 类火灾）"，且规定在使用过程中需进行环境无害化处置。2022 年，我国发布了《重点管控新污染物清单（2023 年版）》，其中规定：自 2023 年 12 月 31 日起，禁止用于生产灭火泡沫药剂的加工和使用，将 PFOS 类用于生产灭火泡沫药剂的企业，应当依法实施强制性清洁生产审核。

AFFF 通常是由合成烃基表面活性剂和氟化表面活性剂混合配制的，这种配制方法成本效益高且性能优越。然而，为减少 PFOS 流入环境产生危害，需要使用其他成分替代 PFOS 来生产 AFFF。联合国环境规划署 BAT/BEP 指导文件指出[112]，应采用无氟泡沫用于培训目的以及固定系统和车辆配比系统的测试和试运行。B 类消防泡沫浓缩物应使用基于短链含氟聚合物的非全氟辛基磺酸含氟表面活性剂。目前，已经有许多不含 PFOS 的 AFFF 被研发出来，这些替代品包括非 PFOS 基氟表面活性剂、硅基表面活性剂、碳氢基表面活性剂、无氟消防泡沫以及其他正在开发的避免使用氟的消防泡沫技术。AFFF（不含 PFOS 成分的泡沫灭火剂）已经获得了广泛认可并且投入使用。北美和挪威的主要供应商包括 Ansul、Chemguard、Chemours、Kidde 和 Solberg 等[113]。

消防领域中针对 PFOS 替代品的研究表明，当全氟碳链长度小于或等于 4 碳时，其危害可大幅度降低至可以接受的水平[114]。因此，目前替代品主要分为短链氟碳化合物替代品和无氟替代品。

（1）短链氟碳化合物替代品

在过去几年中，行业普遍采用的替代方法是将灭火泡沫中使用的基于 PFOS 的长链全氟表面活性剂替换为短链全氟表面活性剂。历史上，AFFF 中使用的 C_8 全氟化物（如 PFOS）是以氢氟酸为原料进行电化学氟化得到的，该化合物中全氟碳链含有 8 个碳原子。

然而，现在有一种基于 C₆ 技术（全氟碳链中含有 6 个碳原子）的 AFFF，与 ECF 不同，它是一种以全氟烷基碘化物作为原料的端聚化反应。由于 C₆ 化合物的链较短，它们在环境中的持久性和生物累积性相对较低。2018 年，行业机构灭火泡沫联盟公司（Fire Fighting Foam Coalition Inc.，FFFC）声明大多数泡沫制造商现在已经由 C₈ 过渡到仅使用 C₆ 全氟烷基表面活性剂[115]。例如，杜邦公司就曾发明并商业化了基于 6：2 全氟烷基磺酰胺烷基甜菜碱（6：2 FTAB）和 6：2 全氟烷基磺酰胺氨氧化物两种 AFFF 产品。分析杜邦公司生产的短链氟碳化合物 Forafac®1157（C₆）和 Forafac®1157N（C₆ 和 C₈ 的混合物）的毒性发现，Forafac®1157 的毒性远低于 PFOS，因此 Forafac®1157 短链氟碳表面活性剂可添加到 AFFF 配方中，作为传统长链氟碳化合物的替代品[115]。然而，C₆ 技术在生产过程中可能仍会产生 C₈ 全氟化合物杂质，从而造成污染。Bao 等[116]报告说，全氟壬烯氧基苯磺酸钠（Sodium perfluorononenoxybenzene sulfonate，OBS）属于 PFASs 类化合物，被认为是一种具有成本效益的表面活性剂，在我国广泛用作氟蛋白灭火泡沫的成分。该研究表明，由于其生物降解特性，OBS 可能是 PFOS 的理想替代品。实际上，现已有许多 C₆ 及以下的短链氟碳化合物替代品被用于制造 AFFF，但其详细信息属于商业秘密，因此目前替代品的化学结构或性质的公开信息相对较少。

（2）无氟替代品

自 2000 年以来，全球已在生产新一代泡沫灭火剂方面取得了重大进展，其中包括水溶性无氟聚合物添加剂和更多的碳氢化合物洗涤剂，这些都是不使用任何氟化学成分（包括表面活性剂或其他成分）的配方。无氟灭火泡沫成分包括硅基表面活性剂、碳氢化合物基表面活性剂、合成洗涤剂泡沫和蛋白质泡沫。其中，合成洗涤剂泡沫通常用于林业等，蛋白质泡沫（如 Sthamex F-15）对易燃液体燃料火灾的灭火效果较差，主要用于培训[117]。Wang 等[118]研究了多种无氟表面活性剂的表面张力和泡沫特性，发现含 2.5% 烷基葡萄糖酰胺和 2% 有机硅表面活性剂的泡沫灭火剂的灭火性能可达到国家标准要求，这说明这两种泡沫灭火剂可以替代氟碳表面活性剂用于泡沫灭火。目前，无氟泡沫灭火剂已经量产销售，并使用在民用机场和军事场所等地。Solberg 公司开发了 Re-Healing Foam™ RF，这是一种用于 B 类碳氢化合物燃料火灾的高性能无氟泡沫浓缩物。据报道，澳大利亚航空服务公司目前将 Solberg Re-Healing RF6 泡沫用作全澳大利亚首都和主要地区城市 23 个机场的首选业务灭火泡沫。哥本哈根机场也已使用无氟 Solberg Re-Healing RF6 泡沫取代 AFFF。在挪威，包括近海石油工业在内的一些行业已报告将逐步淘汰含全氟辛基磺酸的消防泡沫。2014—2016 年，近海行业消防泡沫的全氟辛基磺酸排放量减少了 50%（从 2014 年的 4t 减少到了 2016 年的 2 t）[117]。显然，行业内已经采取了大量行动来生产不含全氟辛基磺酸的消防泡沫替代品，消防泡沫的行业标准也在很大程度上转向了使用短链全氟辛基磺酸和含氟端聚物，并正在开发无氟替代品。

正如 FFFC 所说，基于氟代烷基的灭火泡沫在航空、军事和石油/天然气生产等领域中发挥了重要作用。但是这些替代品的灭火效果，市面上仍存在争议。例如，挪威生产商 Solberg 公司等无氟泡沫制造商表示，针对 B 类火灾，不含氟的灭火泡沫已经证明与传统 AFFF 具有相同的灭火能力，并已被批准用于控制和扑灭 B 类易燃液体烃和极性燃料火灾[117]。欧盟指出，无 PFOS 的灭火泡沫是可用的，但非含氟替代品通常无法达到严格的性能要求[119]。类似地，加拿大指出，不含氟的灭火泡沫在扑灭效果上不如含氟表面活性剂的泡沫。Castro 报道了关于无氟泡沫的测试数据结果，表明 AFFF 和无氟泡沫在控制不同类型火灾方面的性能存在显著差异[120]。对于庚烷和柴油火灾，无氟泡沫相对于 AFFF 控制火灾所需的时间要慢 5%～6%，但对于喷气 A1 燃料和汽油来说，要慢 50%～60%。因此，对于具有较低闪点燃料的火灾，使用无氟泡沫可能不是最好的选择。此外，泡沫的可降解性在关乎使用成本和复燃风险方面具有重要意义。美国海军研究实验室（NRL）提供的火灾测试数据显示，AFFF 在 18 s 内实现了扑灭，而无氟泡沫则为 40 s，并且 AFFF 的降解速度较慢（35 min），而无氟泡沫为 1～2 min，非含氟泡沫分解速率过快可能无法有效防止复燃[121]。关于含氟与无含氟泡沫相对性能的最终结论，还需要更多不同种类泡沫的相对降解速率数据加以佐证。在经济可行性方面，无氟泡沫总体成本相对于 PFOS 的短链替代品要更高，因为无氟泡沫所需的水和泡沫浓缩液大约是含氟表面活性剂泡沫的两倍。但不得不说，无氟泡沫在环境风险降低和可持续性提升方面的优势，足以抵消其相对较高的成本溢价。

在过去的 20 年中，消防泡沫中 PFOS 的使用率大幅下降，而非含 PFOS 的泡沫当前在欧洲、北美、挪威和澳大利亚广泛使用。瑞典和挪威的所有商业机场已经将 PFAS 消防泡沫替换为无氟泡沫；美国 AFFF 的库存从 2004 年的 460 万 gal①下降到 2011 年的不到 200 万 gal，表明大量泡沫转为非含 PFOS 基消防泡沫[117]。FFFC 称，针对在消防泡沫中使用 PFOS 及其盐类、PFOSF 及相关化合物的安全有效替代品在全球范围内均可广泛使用，因此不再需要特意为 PFOS 基消防泡沫开通特定的豁免权，也就是说，PFOS 基消防泡沫可以完全被替代而且在任何情况下都不再允许被使用。

6.3.2 电镀行业

金属镀覆是一种在机械制品上覆盖一层金属的技术，其中经常镀的金属是铬，因为铬硬度高、耐磨、耐热、耐腐蚀，且能保持金属光泽，在满足功能要求的同时又起到了装饰作用[117]。电镀铬的过程属于电化学反应，其中用于镀铬的镀液主要由 CrO_3 和 H_2SO_4 组成。这类镀液的特点是电流效率较低（15%～18%），剩余没有被用于铬层沉积的电流，

① 1 gal（US）=3.78543 L。

会导致气体逸出，将铬酸带出形成铬雾[113]。为了控制铬雾［Cr（VI）为致癌物］带来的不利影响，早期镀铬企业采用排风系统将铬雾排出室外，然而这种方法不仅消耗大量能源，而且无法从根本上解决环境污染问题。从 20 世纪 80 年代开始，镀铬行业开始使用铬雾抑制剂（降低镀液表面张力的表面活性剂）来控制铬雾的溢出，从而让更多的液滴回落到镀槽中。氟表面活性剂（包括 PFOS）在铬酸溶液中存在时间长而不易被降解，因此常作为铬金属镀覆过程中的表面活性剂、润湿剂和雾化抑制剂。在雾化抑制剂的化学配方中，PFOS 的浓度从 1%～15%不等，浓度为 2%～3%的 PFOS 产品较便宜，浓度为 3%～7%的 PFOS 产品较贵。硬质铬镀最常用的 PFOS 衍生物是四乙基铵全氟辛基磺酸盐，此外，PFOS 的钾盐、锂盐、二乙醇胺盐和铵盐也可能被使用[112]。

金属硬质镀覆和装饰性镀覆，过去曾作为 PFOS 及其盐类与 PFOSF 生产和使用的特定豁免而被列出。2017 年，BAT/BEP 指南指出，使用 PFOS 作为雾化抑制剂时需要使用封闭循环系统，并制定了九项标准，以实现封闭循环性能[112]。截至 2018 年 5 月，中国、欧盟和越南已注册使用豁免用途，但中国未提供具体的到期日期，而其他国家的注册豁免要么已经到期，要么已经撤销[117]。《重点管控新污染物清单（2023 年版）》对 PFOS 的描述为禁止生产和加工使用（用于生产灭火泡沫药剂的豁免期至 2023 年 12 月 31 日止）。

关于电镀行业 PFOS 类物质的主要替代品分为含氟替代品和无氟替代品两种。含氟替代品包括短链含氟表面活性剂、聚氟表面活性剂和聚氟化合物，它们与 PFOS 功能相当，适用于大部分工艺，其中短链含氟表面活性剂如 6：2 含氟代硫酸酯已经得到全球认可，并且商业应用上已经有 10 多年的历史。无氟替代品已经部分用于装饰性铬电解液，并且正处于硬铬电解液应用的测试阶段，但它们的可行性需要视具体情况进行分析。除这两种化学替代品外，还探索了非化学替代品和替代工艺，旨在消除 Cr（VI）和 PFOS 的使用或修改镀层技术，以防止其释放。例如，三价铬［Cr（III）］镀层已被用于装饰性铬镀，从而减少对 PFOS 的依赖[112]；新型镀层技术如高速氧气燃烧已被开发出来，提供了高效且经济的替代方案[122]；还有一些正在尝试减少 Cr（VI）排放的物理方法，如促进凝结和气溶胶控制；控制装置如复合网垫或填充床洗涤器被认为是 PFOS 基础控制装置的替代品[121]。目前，加拿大和日本等国已经停止使用含 PFOS 的铬雾抑制剂，转而使用替代品，但一些国家仍在金属镀层中使用 PFOS，其达到使用替代品的阶段仍需要进一步过渡[113]。

6.3.3　纺织行业

PFOS 由于其极高的稳定性、低表面张力、高表面活性以及特殊的疏水和疏油性能，被制成含氟织物整理剂，应用于棉、羊毛、丝等天然纤维和其他各种合成纤维以及混纺品的整理处理工序，从而实现纺织品的防水效果[117,123]。此外，PFOS 还可以作为纺织品防污处理剂和表面活性剂，广泛运用于民用和工业产品的生产领域，可满足纺织品的抗紫外线、抗菌等工艺要求，以及用于清理皮革，提升皮革的防水、防油、防污能力。有的产品还会在活性剂中加入一些柔顺成分，用于提升皮革产品的柔软程度和手感等。代表产品有美国 3M 公司的 FX 3573 和 Rohm & Hass 公司的 Additive 2229[124]。这些产品曾经在美国纺织行业非常畅销，应用面极广。

2007 年，欧盟对进口的纺织品出台 PFOS 禁令，全面禁止 PFOS 在商品中的使用，并在其中明确规定纺织产品禁止使用 PFOS。《POPs 公约》缔约方大会第七次会议（2015 年）根据第 4 条第 9 款，通过的第 SC-7/1 号决定指出，不再有任何缔约方登记生产和使用 PFOS 及其盐类用于地毯、皮革和服装、纺织品和室内装潢、纸张和包装、涂料和涂料添加剂以及橡胶和塑料的特定豁免，因此不得对其进行新的登记[125]。根据特定豁免登记，任何用于这些应用中的 PFOS 豁免的注册都在 2015 年到期。主要制造商与全球监管机构已经同意停止生产长链氟化产品，并转而使用短链氟化产品用于这些用途。

目前全球范围内主要使用两种替代的氟化技术为纺织行业提供油水防护和防污功能，一个是具有高分子量丙烯酸聚合物的侧链短链（C_6）氟代醚基，另一个是基于短链（C_4）电化学氟化技术的侧链氟化聚合物，这两种替代品都具有防水和抗污性能，已在市场上广泛使用了 10 多年。侧链含氟聚合物曾被纺织业用于处理服装、雨伞、箱包、帆、帐篷、阳伞、遮阳伞、地毯、垫子和医用织物（如编织或无纺手术帘布和手术服），以防水、防油和防污。此外，也有许多非氟化替代品，包括由石蜡-金属盐制成的疏水蜡基斥水剂、疏水修饰的聚氨酯、基于聚硅氧烷的产品和由脂肪改性的三聚氰胺树脂组成的树脂基斥水剂[126]。非氟化替代品由于其疏水性可以达到持久的防水效果，但防油和防污效果较弱。

6.3.4 石化行业

PFOS/PFOSF 在石化行业中展现出多功能性，不仅作为表面活性剂用于提高井内石油或天然气的回收效率，特别是在回收岩石颗粒间小孔中的石油时效果显著，还作为压裂液助排剂，通过水基压裂技术提升原油产量。同时，它作为油罐防腐剂，有效抵御石油中水分和盐类的腐蚀，延长油罐寿命并稳定原油质量。此外，PFOS/PFOSF 还能在原油表面形成水膜，作为蒸发抑制剂，有效减少原油蒸发[127]。在更广泛的应用中，这些表面活性剂也用于汽油、喷气燃料和碳氢溶剂的蒸发控制[117]，其高表面活性、低表面张力、耐热性、化学稳定性及与碳氢表面活性剂的良好配伍性，显著提升了石油采收率，特别是在高温高矿化度环境下，其浸润、渗透、乳化和剥离油脂的能力尤为突出，被誉为"稀土金属"级添加剂，即使微量使用也能确保高效生产。另外，PFOS 还作为破乳剂，在原油开采中后期，通过结合氟与碳氢表面活性剂，有效降低油水界面张力，实现原油的高效破乳，改善油水分离效果。

目前在石油和矿业领域确定的主要 PFOS 替代品包括全氟丁基磺酸及其盐类、短链缩聚物基氟表面活性剂，以及全氟烷基取代的胺、酸、氨基酸和硫醚酸[128]。联合国环境规划署的 BAT/BEP 指南指出，应该使用非 PFOS 相关化合物[129]。在国外，目前主要从事驱油用表面活性剂研发生产的公司包括 Witco、Stepan 和 Oct 等三家生产商。Witco 公司生产的表面活性剂主要分为两大系列：TRS 系列（主要用于单独的表面活性剂驱油）和 PETROSTEP®系列；Stepan 公司生产的 B 系列；而 Oct 公司则生产 ORS 系列的产品。经过近 20 年研究，中国已经成功实现工业化生产多种用于驱油的表面活性剂，包括石油磺酸盐、烷基苯磺酸盐、石油羧酸盐、天然酸盐、木质素磺酸盐以及生物表面活性剂等。

6.3.5　航空业

PFOS 在航空领域的主要应用是作为抗腐蚀添加剂被添加到航空液压油中。

航空业中，液压油用于驱动飞机的运动部件，例如襟翼、副翼、方向舵和起落架。20 世纪 40 年代末，航空领域开发了磷酸酯抗燃液压油，此类液压油具有耐火性和低温性等特征。但是磷酸酯抗燃液压油会腐蚀液压系统的阀门。为了解决这一问题，航空液压油中加入了少量 PFOS 成分，如全氟 4-乙基环己磺酸钾，以提高耐燃性、清除分散积炭、延长发动机和机油的使用期限，并提高液压油的润滑性、耐磨性、热氧化稳定性，氟化表面活性剂的存在还通过改变金属表面的电势来有效抑制液压系统机械部件的腐蚀[92,130]。

目前市场上的阻燃航空液压油主要成分为磷酸三烷基酯、磷酸三芳基酯以及磷酸烷基芳基酯的混合物，但产品的说明书上只是提供了化学成分的粗略描述，确切成分尚不清楚。PFOS 在航空液压油方面并没有十分成熟和成功的替代品或替代技术，欧盟在 2018 年的有关报告称总体而言，对该行业替代品的了解非常有限[130]。

西班牙和挪威报告称，氟化磷酸酯被用作航空液压油中全氟辛基磺酸的替代品，是目前比较有可行性的 PFOS 替代品，但没有关于其性能、航空液压油的化学成分的详细信息。UNEP/POPS/POPRC.8/INF/17/Rev.1 文件同样指出，航空液压油中使用全氟辛基磺酸相关化合物的替代品没有关于健康和环境影响（包括毒理学和生态毒理学信息、成本效益、功效、可变性、可及性和社会经济考虑因素）的报告和信息。值得注意的是，液压油在全氟辛基磺酸工业化之前就已经存在，油基流体可能是一种替代品。因此，该领域转向非全氟辛基磺酸替代品的一个关键因素可能是液压系统需要调整或改装以适应新的流体配方的水平[115]。

6.3.6　农业

农药行业中，PFOS 主要用于生产预防白蚁和红火蚁的灭蚁剂的主要成分——氟虫胺。白蚁和红火蚁威胁农业生产安全，也影响人类生活健康，并且其还被列入我国出入境检疫和农业植物检疫的重要关注名单。PFOS 制成的灭蚁剂虽然用量不大，但是其面对环境直接排放，传染面大，因此有必要控制含有 PFOS 灭蚁剂的使用。我国 PFOS 过去用于白蚁和红火蚁的防治而被划入特定豁免用途，但在 2019 年 3 月前全部被淘汰。2018 年以来通过实施"中国 PFOS 优先行业削减与淘汰项目"红火蚁防控子项目，从国家层面上撤销了 PFOS 类持久性有机污染物氟虫胺的登记，制定完成农业行业标准《红火蚁专业化防控实施规程》（NY/T 3541—2020）。在广东、广西、福建等 7 个省级行政区建设完成了 35 个红火蚁防控替代技术示范区，示范面积达 2.5 万亩①。截至 2022 年，农业行业领域完成了 PFOS 类农药氟虫胺的淘汰任务，同时筛选出优化的药剂组合和技术方案，既有效保障了我国履行国际公约的承诺，又如期停用了氟虫胺。目前，已经开发的替代品包括短链 PFAS 和各种氟代聚合物。在我国，氟虫腈和吡虫啉被用于有效防止白蚁和蟑螂的侵害，并且卫生害虫控制技术是成熟和有效的。就非化学替代品而言，生物控制被认为是很有前景的[131]。

6.3.7　半导体制造业

PFOS 在我国半导体制造业每年的使用量虽然相对较小，但它却是半导体制造中不可或缺的关键材料。在半导体芯片制造过程中，PFOS 主要用于光刻工艺、显影剂以及掩模版生产过程中的刻蚀液中。光刻胶，又称光致抗蚀剂，是一种由感光树脂、增感剂和溶剂组成的对光敏感的混合液体。光刻胶的涂布均匀性对半导体制造至关重要，而它受到多种因素的限制，其中一些因素与表面张力紧密相关。为了优化涂布效果，需要使用表面活性剂来降低液体的表面张力。在众多表面活性剂中，PFOS 因其卓越的性能而被广泛用作光致产酸剂或表面活性剂，特别是在显微光刻工艺中，PFOS 是抗反射涂层中光致抗蚀剂的重要成分。

世界半导体理事会宣布，其成员组织已成功完成了 PFOS 在半导体行业中的淘汰。然而，这一声明仅适用于理事会内的成员组织，并不意味着全球范围内所有对 PFOS 的使用都已被淘汰。世界半导体协会的成员在 2017 年于日本举行的会议上共同宣布了 PFOS 的淘汰计划，这一计划得到了来自中国、日本、韩国、美国和欧洲等国家和地区行业协会的支持。在半导体行业中，考虑到商业保密性，关于 PFOS 替代品的详细信息相对有限。不过，根据《POPs 公约》及其相关网站提供的资料，已经确定了一些可用于半导体

---

① 1 亩≈666.67 m²。

行业的替代品，这些替代品包括氟化物和非氟化磷酸盐化合物，如全氟丁基磺酸、全氟聚醚或缩聚物等。

针对半导体领域 PFOS 的替代策略，业界提出了多种方案，如使用短链化合物、非氟化替代品，以及在光刻胶中消除表面活性剂功能。对于半导体制造中使用的刻蚀剂，根据世界半导体理事会提供的信息，目前普遍采用的是非 PFOS 基表面活性剂，如短链全氟烷基磺酸盐。此外，作为湿法刻蚀过程的替代方案，干法刻蚀（包括等离子体刻蚀）也被广泛应用于半导体制造中。然而，在光掩膜制作过程中使用液体刻蚀剂时，目前尚未有完全替代 PFOS 的替代品。因此，业界仍在继续研究和开发更为环保和高效的替代品，以实现半导体行业的可持续发展[131]。

6.3.8 其他行业

PFOS 在电子工业中有着多种不同的用途，参与了大部分电气和电子零件的生产过程，其中包括开环和闭环过程。开环过程适用于焊料、胶黏剂和油漆。闭环过程主要包括刻蚀、分散、去膜、表面处理、光刻和光微影，PFOS 基化学品被用于制造数码相机、手机、打印机、扫描仪、卫星通信系统和雷达系统等产品。据报道，彩色复印机和打印机的中间传递带中含有高达 100 ppm 的 PFOS，而用于生产全氟烷基滚筒的添加剂含有 8×10^{-4} ppm 的 PFOS。在摄影行业中，PFOS/PFOSF 用于胶片、照相纸和照相版的制造。在医疗行业中，PFOS 及其盐类、PFOSF 被使用于医疗器械生产，如 ETFE 层和具有放射不透明性的 ETFE 产品、体外诊断医疗器械和视频内窥镜中使用的电荷耦合器件彩色滤镜[131]。目前，关于以上领域 PFOS 替代品及其化学成分和性质、商品名称和生产商、技术可行性或环境影响的详细信息较少[113]。

第 7 章　PFOS 无害化处置技术

依据《关于由 POPs 构成、含有或受 POPs 污染的废物无害环境管理的总体技术指南》（UNEP/CHW.16/6/Add.2/Rev.1）以及《关于 PFOS/PFOSF、PFOA 及其盐类和相关化合物、PFHxS 及其盐类和相关化合物的废物的无害环境管理技术指南》（UNEP/CHW.16/6/Add.2/Rev.1）最新修订版本规定，关于 PFOS 类污染物的无害化处置技术主要包含四大类，总计 30 余种技术。涵盖了预处理、破坏和不可逆转化技术、当破坏或不可逆转化不能作为环境优选方案时的其他处置技术，以及 POPs 含量低时的其他处置技术，以下内容是部分技术的简要说明。

7.1　预处理

当产品或废物的一部分，如废物设备，含有 PFOS 或被其污染时，应将其分离，然后选择适当的无害化处理技术进行处理。适用于 PFOS 的预处理方法中，目前吸附和吸收、膜滤、沉降是可行的非破坏处理技术，而淋洗尚处于试验研究和应用探索阶段。

7.1.1　吸附和吸收

"吸附"是吸收和吸附过程的通用术语。吸附是一种预处理方法，其主要作用是从液体或气体中去除某些物质，适用于 PFOS 浓度低的废水。吸附涉及将物质（液体、油、气体）从一个相分离并在另一个相的表面上（活性炭、沸石、硅等）累积。吸收是一种将材料从一个相转移到另一个相的过程。由于其具有高效、低成本等特点，颗粒状活性炭（GAC）被广泛应用于去除废水中的有机污染物。吸附和吸收过程可从水性废物和气体流中提取污染物，但浓缩物和吸附剂或吸收剂可能需要在处置前进行处理[132]。

活性炭是一种经过特殊处理的炭，具有发达的微孔结构和高比表面积，有较好的吸附能力。由于具有机械强度高、粉尘污染少、操作简单等优势，颗粒活性炭被广泛用于吸附和去除水中的各种污染物，是成本最低的 PFOS 处理材料。其机理主要有离子交换、静电作用和疏水相互作用等。但值得注意的是，若活性炭使用时间超过一年，会导致其吸附能力衰减，长时间使用会导致 PFOS 的富集，严重时污染物会重新回到水体中。在活性炭上，由于 PFOS 的高疏水性，它在活性炭上更容易发生水合现象，进而对水体造成污染。该技术成熟可靠，普遍适用，但吸附材料不易再生，粉末活性炭不易分离。

离子交换树脂是一种基于聚合物的、带有交换离子活性基团的颗粒状树脂，其通过树脂上的活性基团与水中存在的污染物进行离子交换来达到去除污染物的目的。根据官能团的不同，离子交换树脂大致可分为阳离子交换树脂、阴离子交换树脂和两性树脂。其中，阴离子交换树脂对 PFOS 具有较大的吸附量，且具有接触时间短、占地面积小、再生能力强等优点，相较于活性炭成本较高，需要混合有机溶剂和盐溶液才能使树脂再生。离子交换树脂在性能上优于活性炭，尽管其具备原位再生能力，但再生程序相对复杂，且性能容易受到其他共存物质影响。

7.1.2 膜滤

膜滤是在液体中对两种或两种以上成分进行薄膜分离的方法，是传统废水处理的一种选择。常见的膜处理技术有纳滤（Nanofiltration，NF）和反渗透（Reverse Osmosis，RO）。其中，纳滤膜处理技术是一种新兴的压力驱动膜分离技术，纳滤膜的孔径在几个纳米左右，技术原理近似机械筛分，但是纳滤膜本体带有电荷性。这是它在很低压力下仍具有较高脱盐性能的重要原因，同时截留分子量为数百的膜也具备脱除无机盐的能力。膜滤技术成熟，在较大的污染物浓度范围内能保持较高的去除率，且受其他共存物质影响小，可再生利用，但是高浓度废水易使膜受到污染，缩短其使用寿命。膜滤技术适合处理 PFOS 浓度较高的废水废液，如电镀废水、消防泡沫以及涂料、纺织、合成洗涤剂等[133]。

反渗透膜处理技术是基于半透膜的渗透作用而产生的。半透膜是一种对透过的物质具有选择性的薄膜。当有相同体积的低浓度液体和高浓度液体在半透膜两边时，由于渗透压的作用，稀溶液中的物质会透过半透膜流向浓溶液一端，这个过程即为渗透。反渗透膜是在浓溶液一端施加大于渗透压的压力，使溶液中物质的流动方向与渗透的方向相反，从而达到将物质从溶液中去除的目的。通过对污染水体进行加压，使其通过过滤 PFOS 的反渗透膜，就可以实现 PFOS 的去除。利用反渗透膜处理技术去除 PFOS，其效率高于99%，而纳滤的去除率一般为 90%～99%。

7.1.3 沉降

沉降是一种物理过程，颗粒通过重力沉淀，留在容器底部，当然也可以添加化学试剂来促进沉降过程，适用于 PFOS 浓度高的废水废液[132]。沉降技术包括电凝法和混凝法两种。其中，电凝法处理 PFOS 浓度高的废液时，短时间内去除率可达 76.4%～88.5%[134]。

混凝法主要依靠混凝沉淀作用吸附去除水体中的 PFOS。混凝剂主要是可水解金属盐类，以明矾和氯化铁最为常见。适度的酸性环境（pH 为 4.0～6.5）、增加混凝剂量均有助于提高 PFOS 的去除率，但在实际应用中其去除率最高仅为 30%～40%。两种方法各有优缺点，混凝法成熟，普遍适用，但 PFOS 去除率不高；电凝法去除 PFOS 效率高，但能耗高、经济性较差[135]。

7.1.4　淋洗

淋洗技术可修复受 PFOS 污染的土壤。这种方法使用水作为淋洗剂，可以有效达到修复目标，PFOS 的去除率可高达 96%。此外，加入有机溶剂、阴离子表面活性剂或使用超声辅助可以促进 PFOS 的淋洗效率。淋洗技术适用于沙土或沙质黏土，但对透水性较差的黏土处理效果一般。需要注意的是，淋洗后会产生大量废水，需要进行处理，这增加了修复成本。此外，溶剂淋洗还可用于从电气设备（如电容器和变压器）中去除 PFOS。总之，这项技术在处理受污染土壤方面具有一定的应用潜力[133]。

7.2　破坏和不可逆转化技术

对于固态/半固态废物，根据《关于 PFOS/PFOSF、PFOA 及其盐类和相关化合物、PFHxS 及其盐类和相关化合物的废物的无害环境管理技术指南》要求，当 PFOS/PFOSF 物质含量≥50 mg/kg 时，应采用破坏和不可逆转化技术。

7.2.1　高温焚烧技术

高温焚烧是一种处理固体废物的高温技术。通过利用高温燃烧过程中产生的热能和氧气，将含有 PFOS 物质的固体废物进行氧化分解。PFOS 分子中的碳、氢、氟等元素在高温条件下与氧气反应，转化成二氧化碳、水蒸气和氟化物等无害物质，从而实现 PFOS 的分解和处理。焚烧过程中产生的废气需要通过一系列处理设备进行净化，去除其中的有害物质，如二噁英、酸性气体、重金属等，确保达到排放标准。高温焚烧技术的典型设施包括高温焚烧炉、废物进料系统、燃料供给系统、废气处理系统等。

目前常用的危险废物焚烧设备包括回转窑、液体喷射炉、固定床和流化床，并不是所有固废焚化炉技术或设施都能适当地销毁废物中的持久性有机污染物。专门的危险废物焚化炉有多种配置，包括回转窑焚化炉和静态炉（用于低污染液体）。废物焚烧通过可控火焰燃烧处理有机污染物，主要在回转窑中进行。通常，处理过程加热到高于 850℃，如果废物含有超过 1%的以氯表示的卤化有机物质，则加热到高于 1100℃，在确保适当混合的条件下，停留时间大于 2 s。

这项技术在销毁含有 POPs 的废物方面表现出极高的效率，是目前唯一能直接处置全部液态和固态/半固态含 PFOS/PFOSF 废物的成熟技术。但尚未在工程实践中明确 PFOS 焚毁的最佳温度、炉内最佳停留时间、氟的转化趋势以及与钙基添加剂共焚烧的实际效率。氟化有机化合物很可能需要更高的温度才能在 1 s 的停留时间内达到 99.99%的焚毁率。PFOS 的不完全破坏可导致较小的全氟辛基磺酸化学品和分解产物的形成。日本采用工业废物焚烧炉开展了相关试验，试验中回转窑温度为 1100℃，二燃室温度为 900℃，烟气在焚烧炉内总停留时间约为 8 s，物料在炉内停留时间为 1～1.5 h，最终实现 PFOS 破坏率（DR）大于 99.999%。

在污染控制措施方面，二噁英是重点关注的物质。避免二噁英重新合成的主要方法是控制 CO 的浓度和烟气冷却时要尽可能快速通过 250～350℃的温度区。烟气中的二噁英可以通过活性炭吸附和催化氧化的方法去除。袋式除尘器可以拦截烟气中固相的二噁英，去除率可达 90%以上。此外，在袋式除尘器的前面烟气中喷射少量活性炭，能够更高效率地吸附二噁英。

废物焚烧设施通常每年能够处理 3×10^4～1×10^6 t 的废物。目前，该技术已经商业化，并且在处理市政废物方面具有长期的经验。《POPs 公约》为废物焚化炉制定的关于 BAT/BEP 的指南应用于这项技术，一些国家已经建立了关于 BAT 的指导[21]。

7.2.2　水泥窑协同处置技术

水泥窑协同处置技术是一种处理废物的高效方式，通过将废物引入水泥窑中，在高温条件下进行燃烧处理，可将废物中的有机化合物降解至极低水平，达到 99.99998%的焚毁率。该技术适用于处理液体和固体废物，且废物处理后主要残余物为水泥窑除尘系统捕集的粉尘，而水泥窑粉尘又可以进行回收利用。为确保排放符合环保要求，在水泥窑燃烧之后需要对排放物进行处理，包括但不限于使用预热器、静电除尘器、布袋过滤器和活性炭过滤器进行处理。虽然水泥窑协同处置技术的能源需求较低，但需要大量原材料，并需遵守相关安全规定和措施[21]。该技术已在美国、欧洲和一些发展中国家得到广泛应用，一些水泥窑已获得处理 PFAS 污染废物的许可。

国内外常常使用水泥窑协同处置技术处理固体废物，即使难降解的有机废物（包括 PFOS）在水泥窑内的焚毁去除率也在 99.99%～99.9999%[136]。对于含有或受到 PFAS 污染的废物，特别是 PFOS，处理时需要使用过量的钙，以在水泥窑中催化 PFAS，提高销毁效率，并在正常水泥窑排放物中捕获氟。

7.2.3　气相化学还原技术

气相化学还原（Gas-Phase Chemical Reduction，GPCR）是一种热化学过程，在高于

850℃的温度和低压下，氢与氯化有机化合物反应，主要产生甲烷、氯化氢（如果废物被氯化）和少量低分子量碳氢化合物（苯和乙烯）。在工艺气体的初始冷却过程中，通过添加氢氧化钠来中和盐酸，或者可以将盐酸以酸的形式提取出来重复使用。GPCR 技术可以分为三个基本操作单元：前端系统（将污染物转化为反应器中适合破坏的形式）、反应器（在气相阶段使用氢气和蒸汽减少污染物），以及气体洗涤和压缩系统。典型设施主要包括 GPCR 反应器、催化剂和产物分离装置。预处理包括所需的用于散装固体的热还原批量处理机、用于污染土壤和沉积物的环形床反应器、液体废物预热系统。

GPCR 技术利用气态还原剂与 PFOS 进料气体在催化剂的作用下进行气相还原反应。在反应过程中，气态还原剂会与 PFOS 中的氟原子发生反应，将氟原子还原为氢原子或者其他无害成分，从而实现 PFOS 的降解和转化。通过适当选用催化剂和调节反应条件，可以高效地将 PFOS 分解为无害的产物。

GPCR 技术可以处理各种废物类型，包括液体、固体、土壤、沉积物、污泥、变压器和电容器。污染物必须以气态形式存在，气相化学还原反应器才能将其还原。虽然液态废物可以预热并直接连续注入反应器，但固体污染物必须首先从固体中挥发出来。GPCR 技术的效率非常高，据报告，滴滴涕、六氯苯、多氯联苯、多氯二苯并对二噁英和多氯二苯并呋喃的去除率为 99.9999%，但 PFOS 的去除率尚不清楚。反应器排出的气体通过洗涤去除污染物，而固体残渣则适合填埋处理。在这一过程中生成的甲烷可作为燃料使用，从而降低能耗。然而，GPCR 技术需要稳定的氢气供应，尤其是在启动阶段。由于氢气的易燃性和爆炸性，在处理过程中需要采取严格的安全预防措施。GPCR 可采用固定或移动的配置方式，处理过程中氢气需要采取安全预防措施。加拿大和澳大利亚已经建立了商业规模的 GPCR 设施，并计划在美国实施。其固定或移动的配置方式使其在各种应用场景中具有灵活性，特别是在处理多种类型的危险废物时表现出色[21]。

7.2.4　等离子体技术

等离子体是一种部分或完全电离的气体，由电子、离子和中性粒子组成。通过高频电流、直流电弧或射频波等方法，可以在特定气体（如氩气、氮气）中产生等离子体。等离子体发生器通过加热气体，使其达到电离能量，从而形成高温等离子体。等离子体技术是一种处理有机废物的高温热解技术，通过将废物注入等离子体中，在极短的时间内将其加热至极高温度，通常在 800～1200℃。随着温度的升高，PFOS 废物进入等离子体状态。在等离子体中，分子变得非常活跃，C—F 会被断裂，并引发一系列化学反应，最终将 PFOS 分解成简单的无害物质，如二氧化碳、水和氟化氢[137]。排放物主要由气体组成，残留物包括无机盐水溶液。

等离子体技术按工艺流程/工艺原理通常可分为一体式气化熔融技术、分体式气化熔融技术、单熔融技术。目前国内各单位开展了回转窑焚烧炉、热解炉或气化炉与等离子体熔融炉的热化学处理多工艺组合应用的工程实践，以期实现多工艺协同的目的。典型设施包括熔炉、等离子体发生器、气体处理系统和控制系统。

该技术在处理液体或气体废物方面效果良好，不需要预处理大多数液体，但对一些固体废物则需要采用热脱附或溶剂萃取预处理。等离子体技术的优点是高效、分解彻底，CF_4 去除率为 99.99%。值得注意的是，等离子体技术的能源需求较高，需要大量电能供给，因此能耗高和电极材料寿命短一直制约着其规模化应用，虽然包括中国在内的一些国家已有等离子设施在运营，但目前商业化程度不高[21]。

7.2.5 超/亚临界水氧化技术

超临界水氧化在高于水的临界点（温度 374℃，压力 218 个大气压）下，通过氧化剂（如氧气、过氧化氢、亚硝酸盐、硝酸盐等）处理废物。在超临界状态下，水表现出独特的溶解性质，有机物和氧气都能在超临界水中高度混溶。这种环境使得氧化反应非常高效，有机污染物能迅速被氧化，转化为二氧化碳、水和无机酸或盐。亚临界水氧化在接近但低于超临界点的条件下进行，通常在温度 370℃ 和压力 262 个大气压以下。虽然亚临界水氧化的溶解性和扩散性不如超临界条件，但依然显著高于常温常压下的水。在这种条件下，有机物同样能够高度溶于水，并被氧化为二氧化碳、水和无机酸或盐。该技术适用于处理所有的持久性有机污染物。

采用该技术前，浓缩后的废物可能必须在超临界水氧化处理之前进行稀释，以便将其有机含量（按重量计）减少到 20% 以下。如果存在固体，则必须将其减少到直径小于 200 μm。其他处理方案包括在低浓度废物中添加燃料、稀释和浓缩废物的协同处理以及部分污泥脱水等。在亚临界水氧化的情况下，不需要对废物进行稀释。典型设施包括超/亚临界水氧化反应容器、加热系统、压力控制系统和产物分离系统等[21]。

该技术效率很高，可对多种有机污染物进行处理，反应过程清洁高效、PFOS 分解彻底、二次污染风险低。可处理的废物类型包括水性废物、油、溶剂和直径小于 200 μm 的固体，但有机物含量需低于 20%。处理设备材料需抗腐蚀，目前主要为大型固定设备，但也有可携带式设备，用于现场处理含 POPs 的废物。目前，我国已突破了相关设备制造材料和工艺方面的难题，开始了工程化应用[133]。

7.2.6 碱金属还原技术

碱金属还原技术主要是用分散的碱金属处理废物。碱金属与卤化废物中的氯反应生成盐和非卤化废物。通常，在标准大气压（101.325 kPa）和 60～180℃ 的温度下，该过程可以在就地处理设施中进行，也可以在专门设计的反应容器中进行。钾、钠和钾钠合金曾被用作还原剂，其中金属钠是最常用的还原剂。在碱金属（如钾、钠）存在下，PFOS 分子中的氟原子会被还原成无害的无机盐（如氟化钾或氟化钠）。该还原过程可以使 PFOS 失去其有机物特性，从而减少其对环境的潜在危害。

该技术处理持久性有机污染物需先经过预处理。由于碱金属（特别是钠）与水反应剧烈，预处理阶段必须彻底脱水。预处理应通过相分离、蒸发或其他方法脱水，以避免与金属钠发生爆炸性反应。固体形式或吸附形式的持久性有机污染物需要溶解到所需浓度或从基质中提取出来，通常使用有机溶剂进行洗涤。经过该技术处理后，采用过滤和离心相结合的方法，能有效地将油中产生的副产物分离出来。另外，使用活性炭可以捕获排放物中少量的挥发性有机化合物。

碱金属还原的商业应用已有约 25 年的历史，至今仍在使用。据报告，氯丹、六氯环己烷和多氯联苯的销毁效率超过 99.999%，销毁去除率达到 99.9999%，但 PFOS 销毁去除率尚且未知。该技术适用于处理不同类型的有机污染物，包括液态和固态废物。生成的副产物（如氟化钠）为无害的无机盐，对环境影响较小[21]。

7.2.7　碱催化分解技术

碱催化分解（Base-Catalysed Decomposition，BCD）技术是一种通过碱金属氢氧化物和专有催化剂在供氢油存在下处理废物的方法。其核心原理是在 300℃ 以上的温度下，混合试剂生成高活性的原子氢，原子氢与废物反应，去除其中赋予化合物毒性的成分。碱催化分解技术利用碱性催化剂（如氢氧化钠、氢氧化钾等）来促进 PFOS 分子的裂解和分解反应。在碱性条件下，PFOS 分子中的键会发生断裂，从而将 PFOS 分解成较为简单的无机物和短链氟化合物。这些分解产物通常具有较低的毒性和生物降解性，有利于减少对环境的潜在危害。

对于颗粒较小、pH 值和水分含量合适的土样可直接处理，其余废物则需预处理。热解吸也可与 BCD 结合使用，在处理前从土壤中去除持久性有机污染物。在进入热解吸装置之前，将土壤与碳酸氢钠预先混合。含水介质（如湿污泥）中的水需在处理前蒸发掉，以防止与高温试剂发生不良反应。电容器可以通过粉碎缩小尺寸进行处理。如果存在挥发性溶剂，如杀虫剂，则应在处理前通过蒸馏将其除去。主要设施包括 BCD 设备、水泥窑、分离成品油的离心机，同时配备活性炭捕集器以尽量减少排放气体中挥发性有机化合物的释放。BCD 设备用于容纳废弃物及催化剂，并进行碱催化分解反应。

BCD 系统已在墨西哥、澳大利亚、捷克、西班牙和美国使用。该技术对多种持久性有机污染物（如 PFOS）的去除效率高，且分解产物毒性较低，可减少对环境的潜在危害，适用于处理多种废物类型，如土壤、污泥和含有挥发性溶剂的废物等[21]。

7.3 其他处置技术

其他处置技术是指当破坏、不可逆转以及去除 PFOS 不是首选的处理选项时,对含有 PFOS 或 PFOS 污染的废物进行环境友好处置的方法,包括使用专门设计的填埋场以及在地下矿井和地层中永久封存。《关于 PFOS/PFOSF、PFOA 及其盐类和相关化合物、PFHxS 及其盐类和相关化合物的废物的无害环境管理技术指南》要求,当 PFOS/PFOSF 物质含量<50 mg/kg,需进行填埋或在地下永久封存。处置之前需考虑 PFOS 环境迁移转化、PFOS 对填埋场衬层的影响、渗滤液处理以及排放风险等,因此专门设计的填埋场需要对废物进行预处理以减少 POPs 进入环境,并在封存或填埋前需进行稳定化预处理,削弱 PFOS 的场内迁移性,在地下矿井和地层中永久储存需要进行现场安全评估[21]。

7.3.1 在地下矿井和地层中永久储存

将危险废物永久储存在地下设施中,如地下盐矿和坚硬岩石地层,可将这些废物与生物圈隔离并减少其危害环境。地下设施都应进行特定的安全评估,遵循相关国家法律法规。深井注入在美国是一项应用较为普遍的废物处置方式(包括含 PFOS/PFOSF 废物)。我国目前对深井注入、采空矿洞和岩穴等深层处置方式的研究仍处于可行性分析和小规模试验阶段。

在选择用于处理 POPs 废物的永久储存时,应考虑以下因素:用于储存的洞穴或隧道应完全与活动采矿区和可能重新开采的区域分开;洞穴或隧道应位于远低于可用地下水区域的地质构造中,或者位于完全由不透水岩石或黏土层隔离的地层中;洞穴和隧道应位于极其稳定的地质构造中,而不是地震区域。

7.3.2 填埋

填埋是一种将含有或受到 PFOS 污染的危险废物和其他废物进行最终处置的方法。填埋场的设计旨在最小化环境影响,以环保的方式管理废物。含 PFOS 废物在填埋之前,需要进行预处理(如固化过程),以减少 PFOS 进入环境的潜在风险。填埋的渗滤液中可能含有化学物质(包括 PFOS),应采取现场处理技术来减少和防止受到 PFOS 污染的渗滤液进入环境。不适合进行填埋场处置的废物包括含游离液体、可生物降解、空容器以及爆炸物、易燃固体、自燃自热材料、对水反应的材料、自燃物、氧化剂、有机过氧化物、腐蚀性和传染性废物。

7.4　典型行业的 PFOS 收集与处理

7.4.1　消防行业

　　按照《POPs 公约》第六条要求，缔约方应采取措施对 PFOS 含量超过第 2C 款低浓度限值的废物进行环境无害化处置，部分国家也已对含 PFOS 废物管理及其浓度限值作出规定[138]。2019 年 6 月，欧洲议会和欧洲理事会通过了关于 POPs 的指令，含 PFOS 类产品（包括泡沫灭火剂）采用规定废物管理的含量限值为 50 mg/kg（即 0.005%），无意产生 PFOS 的半成品限值为 0.1%；日本环境省 2013 年 4 月发布的含 PFOS 废物的处置指导规定，PFOS 的去除率应不低于 99.999%，残留物 PFOS 浓度不得高于 3 mg/kg。此外，挪威、加拿大等国家也基于不同方式的风险评估，确定了 PFOS 管控的浓度限值。因此，为减少 PFOS 的毒性，有些人采用将这类物质与其他物质相混合达到稀释的效果，以使其浓度降低到 50 mg/kg 以下[139]。

　　针对含 PFOS 的泡沫灭火剂废液，应采取合适的回收技术，以减少环境污染。回收处理须符合国家和地方环保法规、标准，确保废水排放及有害物质控制合规。处理过程中，应严格遵循环保要求和监管，定期监测废液的关键参数和排放情况，并向生态环境部门提交报告。废液处理单位需获得排放许可证，确保合法运营。项目需经环保审查与验收，接受生态环境主管部门监督检查。

　　消防泡沫是目前我国存量最大的含 PFOS 产品。目前废弃含 PFOS 泡沫灭火剂大多未按照危险废物登记处置，国内也没有针对其的环境无害化管理要求。PFOS 含量为 50 mg/kg 以上的废弃灭火泡沫，可以参照国内危险废物相关管理要求及标准，即按照《危险废物焚烧污染控制标准》（GB 18484—2020）、《水泥窑协同处置固体废物污染控制标准》（GB 30485—2013）及《水泥窑协同处置固体废物环境保护技术规范》（HJ 662—2013）要求，采用高温焚烧或水泥窑协同处置技术进行处置。处理 PFOS 含量较低的废物时，液态废物主要采用活性炭和树脂吸附、膜过滤、混凝等方法，或使用超临界水作为介质，氧化有机物质；固态废物一般可以采用填埋处理。消防行业 PFOS 废物处理措施建议见表 7-1。

表 7-1　消防行业 PFOS 废物处理措施建议

废物种类	技术方案
消防废水	有事故池等条件的情况下，应将消防废水集中收集，如果可行的话，分离 PFOS，减少废水体积，再送企业（或园区）工业废水处理厂集中处理
	消防泡沫废水 PFAS 可采用电絮凝反渗透技术、浮选分离技术等进行处理

废物种类	技术方案
消防废水	消防泡沫污水中高浓度的 PFOS 可以通过浮选回收，处理后的污水中残留的低浓度 PFOS 可以通过微孔曝气法进行去除
	需要现场直接处理废水时，采用颗粒活性炭吸附
	废弃消防泡沫和消防泡沫使用后收集的残液可通过焚烧/水泥窑、超/亚临界水处理进行处理
含 PFOS 的灭火剂固体废弃物	含 PFOS 吸附材料、原料和副产品以及包装等沾染物可通过焚烧/水泥窑处理

7.4.2 电镀行业

电镀行业 PFOS 废物来源主要包括废弃电镀液、滤渣，电镀后的清洗废水、废有机溶剂等，废气、废水处理产生的废吸附剂（如活性炭、离子交换树脂等），滤纸、滤布、滤芯等，淘汰、过期的废铬雾抑制剂，以及意外或事故泄漏产生的废液等[140]。对于这些液体或固体废物的处置与消防行业类似。

由于铬雾抑制剂仅在镀铬工序中使用，含 PFOS 的工艺废水会在严格分质分流的条件下被引导至含铬废水处理系统，经过专门的预处理线处理后再与其他废水混合，降低 PFOS 对环境的潜在影响。在处理含 PFOS 的工艺废水中，活性炭和阴离子交换树脂是最具优势的两种去除 PFOS 的吸附材料[141]。

（1）活性炭吸附技术

该技术具有 PFOS 去除率高、运行成本低、操作简单、运行稳定等优势。与传统的活性炭相比，介孔发达的改性活性炭更能有效吸附镀铬废水中的 PFOS。不同基质、不同粒径、不同表面积、改性前后的活性炭均可吸附 PFOS，差异在于吸附的效果。改性活性炭吸附的不足之处在于活性炭的再生性不如树脂，利用有机溶剂再生时所需费用较高[142]。

（2）阴离子交换树脂

《电镀污染防治可行技术指南》规定 PFOS 作为酸雾抑制剂的含铬废水，可采用"逆流清洗+离子交换+蒸发浓缩闭环"的组合预防技术后，再利用化学还原处理技术进行处理。阴离子交换树脂对 PFOS 具有更高的吸附容量和更强的吸附选择性，受水中其他有机组分的影响较小，因而具有较长的饱和周期，且设备的体积、占地面积更小[143]。

目前，国内外有多种商业化阴离子交换树脂，然而大多并不是针对 PFOS 而专门设计的，因此对 PFOS 的吸附选择性较差、很容易受水中其他阴离子的干扰。改性活性焦和疏水胺化树脂对电镀废水中的 PFOS 具有好的去除效果。疏水胺化树脂虽然价格较高，但吸附饱和周期长，设备占地面积小，适合去除短链 PFAS，优于常见的商业化阴离子交换树脂。

目前国内形成了基于活性焦或树脂吸附关键技术的去除 PFAS 工艺，并建立了首个以活性焦和树脂吸附为核心的含铬废水中典型 PFAS 高效去除的示范工程。含铬废水经过常规处理后，运行结果表明，活性焦 PFOS 去除率大于 90%，出水典型 PFOS 浓度小于 10 μg/L；疏水胺化树脂 PFOS 去除率大于 95%，出水典型 PFOS 浓度小于 10 μg/L。树脂再生主要利用"有机醇+盐溶液"将饱和树脂上的 PFOS 洗脱下来，随后利用"紫外+亚硫酸盐"技术还原降解洗脱液中高浓度的 PFOS。

除了电镀废水，对于电镀滤渣，PFOS 含量一般低于重金属含量，可通过稳定化后经废物填埋处理。对于废弃电镀液，PFOS 含量中等，一般为 20～50 mg/L，无机离子含量较高，可进行浓缩预处理后通过焚烧处置，或者超声降解[133]。电镀行业 PFOS 废物处理措施建议见表 7-2。

表 7-2　电镀行业 PFOS 废物处理措施建议

废物种类	技术方案
废弃电镀液	浓度中等（20～50 mg/L），浓缩液通过焚烧处置
	污染物浓度波动大但一般不高，通过"混凝+吸附"进行预处理，混凝沉淀、废吸附材料通过焚烧/水泥窑处置
电镀滤渣	PFOS 含量低但金属含量高，通过稳定化后进行废物填埋

7.4.3　其他行业

除了消防行业和电镀行业，PFOS/PFOSF 还存在于其他行业（杀虫剂制造、石油开采、皮革纺织、半导体、航空航天等行业）的清洗废水和废有机溶剂，以及固态/半固态废物包括精（蒸）馏残渣、废水处理污泥、污染土壤等中，这些废物 PFOS/PFOSF 浓度差别较大。其他含 PFOS/PFOSF 废物处理措施建议见表 7-3。

表 7-3　其他含 PFOS/PFOSF 废物处理措施建议

废物种类	技术方案
工艺或清洗废水	污染物浓度波动大但一般不高，通过"混凝+吸附"进行预处理，混凝沉淀、废吸附材料通过焚烧/水泥窑处置
废有机溶剂	有机溶剂热值高，宜采用焚烧/水泥窑法处置
意外或事故泄漏产生的废水废液	污染物成分复杂，可通过混凝沉淀、浓缩液预处理后，通过高温焚烧/水泥窑协同处置

废物种类	技术方案
精（蒸）馏残渣	污染物成分和含量复杂，当 PFOS 含量≥50 mg/kg 时，通过焚烧/水泥窑处置；当 PFOS 含量<50 mg/kg 时，将废物固化/稳定化后填埋
污染土壤	基质特性复杂，当 PFOS 含量≥50 mg/kg 时，通过焚烧/水泥窑处置；当 PFOS 含量<50 mg/kg 时，将废物稳定化后填埋
废水处理污泥	当有机物含量高时，干化后通过焚烧/水泥窑处置；当有机物含量低时，"干化+稳定化"后进行废物填埋
废吸附材料和滤纸、滤布、滤芯等	废物热值高，通过焚烧/水泥窑处置
淘汰、废弃的产品、原料和副产品以及包装等沾染物	PFOS 含量较高，通过焚烧/水泥窑处置

第8章 "中国 PFOS 优先行业削减与淘汰项目" 典型案例

为落实《POPs 公约》及有关修正案要求，推动我国 PFOS/PFOSF 的淘汰与替代工作，生态环境部对外合作与交流中心（FECO）与世界银行合作开发了"中国 PFOS 优先行业削减与淘汰项目"，旨在帮助中国履行《POPs 公约》中有关 PFOS 类物质的相关义务，实现特定豁免用途优先行业的淘汰和替代，引入最佳可行技术/最佳环境实践应用等。

8.1 PFOS 生产企业转产及停产案例介绍

本案例相关内容节选自《世界银行-全球环境基金中国 PFOS 优先行业削减与淘汰项目湖北恒新化工有限公司转产项目》以及《全球环境基金"中国 PFOS 优先行业削减与淘汰准备金项目"湖北恒新化工有限公司环保核查报告》[144,145]。

8.1.1 背景介绍

湖北恒新化工有限公司位于省级工业园——湖北省应城市经济技术开发区，是以电化学氟化法为主，专业从事开发、生产和销售全氟烷烃类化工产品的省级高新技术企业，有机氟系列产品生产规模为年产 30 t 全氟辛基磺酰氟，产品种类有全氟烷基磺酸、全氟烷基羧酸、全氟叔胺三大类及其衍生物。其产品主要用于石油开采、消防灭火、织物整理、纸张防水、医药、农药、胶片、电子、电镀、阻燃、锂电池生产、文物保护及光刻胶等领域。

8.1.2 PFOS 的转产和替代

随着国际上禁用全氟辛基磺酸及其盐类（PFOS）和全氟辛基磺酰氟（PFOSF）日期逐渐逼近，湖北恒新化工有限公司进行了 PFOS 替代品研究和开发。在全氟丁基磺酸、全氟丁基磺酸钾、双全氟基磺酰亚胺、双全氟丁基磺酰亚胺锂、双氟磺酰亚胺锂、全氟丁基磺酸三苯基硫盐、全氟丁酸、全氟戊酸等项目上取得了巨大的进展，取得了一些鉴定成果和专利。同时也积极参与了环境保护部（现生态环境部）举行的"履行《POPs 公约》PFOS/PFOA 行业研讨会""PFOS 类物质在中国电镀行业中应用情况调查"和中国氟硅有机材料工业协会组织的"中国全氟辛基磺酰化合物（PFOS）生产应用情况调查"等工作。该公司符合"中国全氟辛基磺酸及其盐类（PFOS）和全氟辛基磺酰氟（PFOSF）优先行业削减与淘汰项目"下 PFOS 生产行业示范企业的标准，已被纳入该项目的生产企业转产及停产计划。

湖北恒新化工有限公司 PFOS 的转产和替代品项目包括：

（1）转产项目

30 t/a 全氟辛基磺酰氟生产线通过技改转产，形成 80 t/a 的全氟丁基磺酰氟生产线。

（2）替代品项目

新建 60 t/a 双全氟丁醚丁基磺酰氟生产线，作为电镀铬雾抑制剂的替代品。

湖北恒新化工有限公司为实现 PFOS 的转产和替代目标，将在新的厂区新建厂房，更新设备。在新厂房建成后，公司将关闭原有生产车间，并搬迁至新的厂区，老的厂房和办公楼将改造成仓储设施，用于发展物流服务。改造后的仓储设施，不排放污染物，也不影响周边居民的生活，符合应城市经济技术开发区产业规划和发展方向。转产和替代品项目建设内容见表 8-1。

表 8-1　转产和替代品项目建设内容

序号	建设项目		建设内容	征用土地	投资预算/万元
1	生产项目	转产项目	30 t/a 全氟辛基磺酰氟生产线通过技改转产，形成 80 t/a 的全氟丁基磺酰氟生产线	征用长江埠街道办事处林褚村土地 35.34 亩	土地购置预算 1250 万元，生产设备购置预算 951 万元，环保、消防等设备购置和安装预算 3516 万元
		替代品项目	新建 60 t/a 双全氟丁醚丁基磺酰氟生产线		
2	土建项目	厂房	新建 4000 m² 标准厂房 1 个		
		仓库	新建 3000 m² 仓库，包括成品仓库 1 个，原料仓库 1 个，包装桶仓库 1 个		
		共用设施	新建 3000 m² 共用设施，主要用于冷冻房增容、配电房增容、燃气锅炉房增容和环保设施增容等		

8.2 PFOS 类物质泡沫灭火剂无害化处置案例

本案例相关内容节选自江苏锁龙消防科技股份有限公司《中国 PFOS 优先行业削减与淘汰项目之含 PFOS 类物质泡沫灭火剂无害化处置活动环境和社会管理计划》[146]。

8.2.1 背景介绍

消防行业是中国 PFOS 类物质履约行动优先行业，PFOS 项目下消防行业子项目各项活动已启动实施。含 PFOS 类物质的泡沫灭火剂会添加少量（0.1%～0.8%）的 PFOS，使之具备高表面活性、高耐热稳定性和高化学稳定性。根据《POPs 公约》第 6 条要求，应对含 PFOS 类物质的泡沫灭火剂（即将成为废物的产品和物品）采取适当措施，以环境无害化方式予以处置、收集、运输和储存。

为促进国内废弃含 PFOS 类物质泡沫灭火剂的管理适应 2019 年修正案相关要求，生态环境部对外合作与交流中心编制了《全球环境基金"中国 PFOS 优先行业削减与淘汰项目"消防行业废弃含 PFOS 类物质泡沫灭火剂无害化处置示范活动技术建议及整体实施方案》，拟通过该项目开展探索性示范，推动国内含 PFOS 消防产品废物的环境无害化管理。在示范生产企业所在省市，按照当地对含 PFOS 类物质泡沫灭火剂产品管理的要求，对其进行收集、运输和储存，并参考危险废物相关管理要求及技术标准，采用高温处置技术对回收的含 PFOS 类物质泡沫灭火剂进行处置，开展含 PFOS 类物质泡沫灭火剂环境无害化管理及效果评估。

8.2.2 含 PFOS 类物质泡沫灭火剂的收集及处置

江苏锁龙消防科技股份有限公司（以下简称锁龙）确定的项目目标为按照生态环境部对外合作与交流中心及第三方监督管理机构（江苏省环境工程技术有限公司）要求，收集含 PFOS 类物质的泡沫灭火剂，选聘符合资质的危险废物处置单位［无锡能之汇环保科技有限公司（以下简称能之汇）］完成最终无害化处置。

本项目的主要活动内容如下。

（1）含 PFOS 类物质泡沫灭火剂的回收运输和存储

锁龙负责约 93 t 含 PFOS 类物质泡沫灭火剂的回收运输和存储，依托自身销售网络，从最终用户方收集、回收废弃的含 PFOS 类物质泡沫灭火剂，并负责暂时储存，确保灭火剂的名称、型号等产品信息完整、准确。目前确定了两处产生的废气含 PFOS 类物质泡沫灭火剂，需进行回收，分别为扬子石油化工股份有限公司消防中心和扬子石油化工股份有限公司贮运厂健康、安全与环境（Health，Safety and Environment，HSE）管理部门，负责组织、协调和监督企业的健康安全环境工作，保障员工和企业的健康与安全。

回收的含 PFOS 泡沫灭火剂主要成分为水、二乙二醇丁醚、氟碳表面活性剂、碳氢表面活性剂、稳定剂、溶剂等，其中水占比 80%，不属于危险废物，属于惰性液体混合物。由于客户端目前的泡沫灭火剂储罐中可能是含 PFOS 类物质泡沫灭火剂和不含 PFOS 类物质泡沫灭火剂的混合体，锁龙需要在客户端回收前对目标泡沫灭火剂进行抽样检测，检测结果 PFOS 含量大于 50 ppm 的泡沫灭火剂进入回收程序。工人通过泵把废泡沫灭火剂从目标单位的储存容器中转移至 200 kg 圆桶中，之后把桶运至锁龙厂区内，入厂时第三方监督单位将对泡沫灭火剂进行二次 PFOS 含量检测后，将泡沫灭火剂转移至 2 号厂房中的危废间存储，等待危废处置单位接收处置。

（2）委托危险废物处置单位进行含 PFOS 类物质泡沫灭火剂的无害化处置

锁龙筛选确定危废处置单位为无锡能之汇环保科技有限公司，PFOS 含量在 50 mg/kg 的废泡沫灭火剂，将由能之汇从锁龙的仓库运输至自己的工厂进行处置。

能之汇是江苏示范省含 PFOS 类物质泡沫灭火剂的处置单位，成立于 2018 年 1 月 11 日，投资为 3.3557 亿元，总占地面积 84.6 亩，由中国广核集团有限公司和无锡市新发集团有限公司共同投资设立，主要从事危险废料、工业废料和固体废料收集、贮存和处置，以及提供废料处理业务的相关技术咨询服务。能之汇配套 2 套处理能力为 30 t/d 的处理线，处置能力为 60 t/d，其计划利用"高温焚烧+等离子体气化+熔融炉工艺"对含 PFOS 类物质泡沫灭火剂进行无害化处置。

1）气化炉工艺简介：废料经叉车从仓库转移至第一料坑，由行车抓料至破碎机，经破碎后进入第二料坑，再经行车抓料至进料系统，最后通过给料系统进入气化炉（温度大于 1100℃）焚烧，产生的废渣经冷渣机排出，与后续系统的飞灰暂存一起，送往熔融炉进出料系统，用作熔融炉原料；产生的高温烟气进入余热锅炉降温，副产蒸汽供烟气加热器、污水站使用，富余蒸汽降温冷凝回用，冷却降温后的烟气经过急冷、脱酸、除尘、洗涤等烟气处理环节后达标排放。

2）熔融炉工艺简介：气化炉炉渣与配方料经制粒系统按比例混合制粒后，进入熔融炉系统，熔融为玻璃体，最终实现炉渣无害化处理。

附　件

《POPs 公约》2009 年和 2019 年修正案在各国和地区的生效时间

国家（地区）	2009 年修正案生效时间	2019 年修正案生效时间
阿尔巴尼亚	2010-08-26	2020-12-03
阿尔及利亚	2010-08-26	2020-12-03
安哥拉	2010-08-26	2020-12-03
安提瓜和巴布达	2010-08-26	2020-12-03
亚美尼亚	2010-08-26	2020-12-03
奥地利	2010-08-26	2020-12-03
阿塞拜疆	2010-08-26	2020-12-03
巴哈马	2010-08-26	2020-12-03
巴巴多斯	2010-08-26	2020-12-03
白俄罗斯	2010-08-26	2020-12-03
比利时	2010-08-26	2020-12-03
伯利兹	2010-08-26	2020-12-03
贝宁	2010-08-26	2020-12-03
巴西	2010-08-26	2020-12-03
保加利亚	2010-08-26	2020-12-03
布隆迪	2010-08-26	2020-12-03
佛得角	2010-08-26	2020-12-03
柬埔寨	2010-08-26	2020-12-03
喀麦隆	2010-08-26	2020-12-03
中非	2010-08-26	2020-12-03
乍得	2010-08-26	2020-12-03
智利	2010-08-26	2020-12-03
哥伦比亚	2010-08-26	2020-12-03
科摩罗	2010-08-26	2020-12-03
刚果共和国	2010-08-26	2020-12-03

国家（地区）	2009 年修正案生效时间	2019 年修正案生效时间
库克群岛	2010-08-26	2020-12-03
哥斯达黎加	2010-08-26	2020-12-03
科特迪瓦	2010-08-26	2020-12-03
克罗地亚	2010-08-26	2020-12-03
古巴	2010-08-26	2020-12-03
塞浦路斯	2010-08-26	2020-12-03
捷克	2010-08-26	2020-12-03
朝鲜	2010-08-26	2020-12-03
刚果民主共和国	2010-08-26	2020-12-03
丹麦	2010-08-26	2020-12-03
吉布提	2010-08-26	2020-12-03
多米尼加	2010-08-26	2020-12-03
厄瓜多尔	2010-08-26	2020-12-03
埃及	2010-08-26	2020 12-03
萨尔瓦多	2010-08-26	2020-12-03
厄立特里亚	2010-08-26	2020-12-03
斯威士兰	2010-08-26	2020-12-03
埃塞俄比亚	2010-08-26	2020-12-03
欧盟	2010-08-26	2020-12-03
斐济	2010-08-26	2020-12-03
芬兰	2010-08-26	2020-12-03
法国	2010-08-26	2020-12-03
加蓬	2010-08-26	2020-12-03
冈比亚	2010-08-26	2020-12-03
佐治亚州	2010-08-26	2020-12-03
德国	2010-08-26	2020-12-03
加纳	2010-08-26	2020-12-03
希腊	2010-08-26	2020-12-03
几内亚	2010-08-26	2020-12-03
几内亚比绍	2010-08-26	2020-12-03
圭亚那	2010-08-26	2020-12-03
洪都拉斯	2010-08-26	2020-12-03
匈牙利	2010-08-26	2020-12-03
冰岛	2010-08-26	2020-12-03
印度尼西亚	2010-08-26	2020-12-03
伊朗	2010-08-26	2020-12-03

国家（地区）	2009 年修正案生效时间	2019 年修正案生效时间
牙买加	2010-08-26	2020-12-03
日本	2010-08-26	2020-12-03
约旦	2010-08-26	2020-12-03
哈萨克斯坦	2010-08-26	2020-12-03
肯尼亚	2010-08-26	2020-12-03
基里巴斯	2010-08-26	2020-12-03
科威特	2010-08-26	2020-12-03
吉尔吉斯斯坦	2010-08-26	2020-12-03
老挝	2010-08-26	2020-12-03
拉脱维亚	2010-08-26	2020-12-03
黎巴嫩	2010-08-26	2020-12-03
莱索托	2010-08-26	2020-12-03
利比里亚	2010-08-26	2020-12-03
利比亚	2010-08-26	2020-12-03
列支敦士登	2010-08-26	2020-12-03
立陶宛	2010-08-26	2020-12-03
卢森堡	2010-08-26	2020-12-03
马达加斯加	2010-08-26	2020-12-03
马拉维	2010-08-26	2020-12-03
马尔代夫	2010-08-26	2020-12-03
马里	2010-08-26	2020-12-03
马绍尔群岛	2010-08-26	2020-12-03
毛里塔尼亚	2010-08-26	2020-12-03
墨西哥	2010-08-26	2020-12-03
摩纳哥	2010-08-26	2020-12-03
蒙古	2010-08-26	2020-12-03
摩洛哥	2010-08-26	2020-12-03
莫桑比克	2010-08-26	2020-12-03
缅甸	2010-08-26	2020-12-03
纳米比亚	2010-08-26	2020-12-03
瑙鲁	2010-08-26	2020-12-03
尼泊尔	2010-08-26	2020-12-03
荷兰	2010-08-26	2020-12-03
尼加拉瓜	2010-08-26	2020-12-03
尼日尔	2010-08-26	2020-12-03
尼日利亚	2010-08-26	2020-12-03

国家（地区）	2009 年修正案生效时间	2019 年修正案生效时间
纽埃	2010-08-26	2020-12-03
北马其顿	2010-08-26	2020-12-03
挪威	2010-08-26	2020-12-03
巴基斯坦	2010-08-26	2020-12-03
巴拿马	2010-08-26	2020-12-03
巴布亚新几内亚	2010-08-26	2020-12-03
巴拉圭	2010-08-26	2020-12-03
秘鲁	2010-08-26	2020-12-03
菲律宾	2010-08-26	2020-12-03
波兰	2010-08-26	2020-12-03
葡萄牙	2010-08-26	2020-12-03
卡塔尔	2010-08-26	2020-12-03
韩国	2010-08-26	2021-06-03
罗马尼亚	2010-08-26	2020-12-03
俄罗斯	2010-08-26	2020-12-03
卢旺达	2010-08-26	2020-12-03
圣基茨和尼维斯	2010-08-26	2020-12-03
圣卢西亚	2010-08-26	2020-12-03
圣文森特和格林纳丁斯	2010-08-26	2020-12-03
萨摩亚	2010-08-26	2020-12-03
圣多美和普林西比	2010-08-26	2020-12-03
塞内加尔	2010-08-26	2020-12-03
塞尔维亚	2010-08-26	2020-12-03
塞舌尔	2010-08-26	2020-12-03
塞拉利昂	2010-08-26	2020-12-03
新加坡	2010-08-26	2020-12-03
所罗门群岛	2010-08-26	2020-12-03
南非	2010-08-26	2020-12-03
斯里兰卡	2010-08-26	2020-12-03
苏丹	2010-08-26	2020-12-03
瑞典	2010-08-26	2020-12-03
瑞士	2010-08-26	2020-12-03
叙利亚	2010-08-26	2020-12-03
塔吉克斯坦	2010-08-26	2020-12-03
泰国	2010-08-26	2020-12-03
多哥	2010-08-26	2020-12-03

国家（地区）	2009 年修正案生效时间	2019 年修正案生效时间
汤加	2010-08-26	2020-12-03
特立尼达和多巴哥	2010-08-26	2020-12-03
突尼斯	2010-08-26	2020-12-03
土耳其	2010-08-26	2020-12-03
图瓦卢	2010-08-26	2020-12-03
乌干达	2010-08-26	2020-12-03
乌克兰	2010-08-26	2020-12-03
阿联酋	2010-08-26	2020-12-03
英国	2010-08-26	2020-12-03
坦桑尼亚	2010-08-26	2020-12-03
乌拉圭	2010-08-26	2020-12-03
越南	2010-08-26	2020-12-03
也门	2010-08-26	2020-12-03
赞比亚	2010-08-26	2020-12-03
玻利维亚	2010-08-27	2020-12-03
波黑	2010-08-28	2020-12-03
索马里	2010-10-24	2020-12-03
爱尔兰	2010-11-03	2020-12-03
加拿大	2011-04-04	—
黑山	2011-06-29	2020-12-03
西班牙	2011-11-14	2020-08-26
帕劳	2011-12-07	2020-12-03
苏里南	2011-12-19	2020-12-03
阿根廷	2012-02-07	2023-04-06
津巴布韦	2012-05-30	2020-12-03
沙特阿拉伯	2012-10-23	2020-12-03
斯洛伐克	2013-05-10	2020-12-03
阿富汗	2013-05-21	2020-12-03
危地马拉	2013-12-22	—
爱沙尼亚	2014-02-18	2020-12-03
中国	2014-03-26	—
毛里求斯	2015-05-20	—
密克罗尼西亚	2016-05-18	—
伊拉克	2016-06-06	2020-12-03
博茨瓦纳	2016-09-07	—
新西兰	2016-12-15	2020-12-03

国家（地区）	2009 年修正案生效时间	2019 年修正案生效时间
马耳他	2017-04-17	2020-12-03
委内瑞拉	2017-10-19	—
巴勒斯坦	2018-03-29	2020-12-03
格林纳达	2020-01-13	2022-01-13
孟加拉国	2020-02-02	2020-02-02
赤道几内亚	2020-03-23	2020-12-03
意大利	2022-12-28	2022-12-28
斯洛文尼亚	2023-11-20	2023-11-20
澳大利亚	—	—
巴林	—	—
印度	—	—
摩尔多瓦	—	—
乌兹别克斯坦	—	—
瓦努阿图	—	—

参考文献

[1] 王亚韩, 蔡亚岐, 江桂斌. 斯德哥尔摩公约新增持久性有机污染物的一些研究进展[J]. 中国科学: 化学, 2010(2): 99-123.

[2] 赵英民. 持久性有机污染物履约百科[M]. 北京: 中国环境出版社, 2016.

[3] UNEP. Stockholm Convention on persistent organic pollutants(POPs) [EB/OL]. (2024-06-05) [2024-06-05]. https://www.pops.int/TheConvention/ThePOPs/AllPOPs/tabid/2509/Default.aspx.

[4] Wania F, Mackay D. A global distribution model for persistent organic chemicals[J]. Science of the Total Environment, 1995, 160: 211-232.

[5] Wania F, Mackay D. Peer reviewed: tracking the distribution of persistent organic pollutants[J]. Environmental Science & Technology, 1996, 30(9): 390A-396A.

[6] Du G, Sun J, Zhang Y. Perfluorooctanoic acid impaired glucose homeostasis through affecting adipose AKT pathway[J]. Cytotechnology, 2018, 70: 479-487.

[7] Gallen C, Drage D, Eaglesham G, et al. Australia-wide assessment of perfluoroalkyl substances(PFASs) in landfill leachates[J]. Journal of Hazardous Materials, 2017, 331: 132-141.

[8] 王佩, 黄欣怡, 曹致纬, 等. 新污染物共排放对生态环境监测和管理的挑战[J]. 环境科学, 2022, 43(11): 4801-4809.

[9] 王纯, 李冠怡, 孙迎雪, 等. 养殖水环境及水产品中典型全氟和多氟烷基物质(PFAS)赋存特征及其毒性作用机理研究进展[J]. 大连海洋大学学报, 2023, 38 (5): 893-901.

[10] Prevedouros K, Cousins I T, Buck R C, et al. Sources, fate and transport of perfluorocarboxylates[J]. Environmental Science & Technology, 2006, 40(1): 32-44.

[11] Shiwaku Y, Lee P, Thepaksorn P, et al. Spatial and temporal trends in perfluorooctanoic and perfluorohexanoic acid in well, surface, and tap water around a fluoropolymer plant in Osaka, Japan[J]. Chemosphere, 2016, 164: 603-610.

[12] 章涛, 孙红文, Alder A C, et al. 液相萃取-高效液相色谱-串联质谱联用测定污泥中的全氟化合物[J]. 色谱, 2010, 28(5): 498-502.

[13] 方程, 张红平, 罗云龙. 全氟和多氟烷基化合物的分析检测[J]. 分析科学学报, 2021, 37(4): 451-458.

[14] 陈绩, 李彤, 吴限好, 等. 全氟和多氟烷基化合物暴露特征与健康效应研究进展[J]. 环境与职业医学, 2023, 40(8): 958-964.

[15] 盛南, 潘奕陶, 戴家银. 新型全氟及多氟烷基化合物生态毒理研究进展[J]. 安徽大学学报(自然科学版), 2018, 42(6): 3-13.

[16] Gallen C, Eaglesham G, Drage D, et al. A mass estimate of perfluoroalkyl substance(PFAS) release from Australian wastewater treatment plants[J]. Chemosphere, 2018, 208: 975-983.

[17] Houtz E F, Higgins C P, Field J A, et al. Persistence of perfluoroalkyl acid precursors in AFFF-impacted groundwater and soil[J]. Environmental Science & Technology, 2013, 47(15): 8187-8195.

[18] Sun M, Arevalo E, Strynar M, et al. Legacy and emerging perfluoroalkyl substances are important drinking water contaminants in the Cape Fear River Watershed of North Carolina[J]. Environmental Science & Technology Letters, 2016, 3(12): 415-419.

[19] Dauchy X, Boiteux V, Colin A, et al. Deep seepage of per-and polyfluoroalkyl substances through the soil of a firefighter training site and subsequent groundwater contamination[J]. Chemosphere, 2019, 214: 729-737.

[20] UNEP. All POPs listed in the Stockholm Convention [EB/OL]. (2024-05-25) [2025-05-25]. https://www.pops.int/TheConvention/ThePOPs/AllPOPs/tabid/2509/Default. aspx.

[21] UNEP. Technical guidelines on the environmentally sound management of wastes consisting of, containing or contaminated with perfluorooctane sulfonic acid(PFOS), its salts and perfluorooctane sulfonyl fluoride(PFOSF), perfluorooctanoic acid(PFOA), its salts and PFOA-related compounds, and perfluorohexane sulfonic acid(PFHxS), its salts and PFHxS related compounds. UNEP/CHW. 16/6/Add. 1/Rev. 1. 2017.

[22] Garg S, Kumar P, Mishra V, et al. A review on the sources, occurrence and health risks of per-/poly-fluoroalkyl substances(PFAS) arising from the manufacture and disposal of electric and electronic products[J]. Journal of Water Process Engineering, 2020, 38: 101683.

[23] Liu S, Zhao S, Liang Z, et al. Perfluoroalkyl substances(PFASs) in leachate, fly ash, and bottom ash from waste incineration plants: Implications for the environmental release of PFAS[J]. The Science of the Total Environment, 2021, 795: 148468.

[24] Murakami M, Kuroda K, Sato N, et al. Groundwater pollution by perfluorinated surfactants in Tokyo[J]. Environmental Science & Technology, 43(10): 3480-3486.

[25] Loos R, Locoro G, Comero S, et al. Pan-European survey on the occurrence of selected polar organic persistent pollutants in ground water[J]. Water Research, 2010, 44(14): 4115-4126.

[26] Takagi S, Adachi F, Miyano K, et al. Perfluorooctanesulfonate and perfluorooctanoate in raw and treated tap water from Osaka, Japan[J]. Chemosphere, 2008, 72(10): 1409-1412.

[27] Yamashita N, Taniyasu S, Petrick G, et al. Perfluorinated acids as novel chemical tracers of global circulation of ocean waters[J]. Chemosphere, 2008, 70(7): 1247-1255.

[28] 金一和, 汤先伟, 曹秀娟, 等. 全球性全氟辛烷磺酰基化合物环境污染及其生物效应[J]. 自然杂志, 2002 (6): 344-348.

[29] Jin Y H, Liu W, Sato I, et al. PFOS and PFOA in environmental and tap water in China[J]. Chemosphere, 2009, 77(5): 605-611.

[30] Liu L Q, Qu Y X, Huang J, et al. Per-and polyfluoroalkyl substances(PFASs) in Chinese drinking water: risk assessment and geographical distribution[J]. Environmental Sciences Europe, 2021, 33(1): 1-12.

[31] Zhang Y, Zhu L. Biodegradation of perfluorooctane sulfonate(PFOS) by a bacterial community under aerobic conditions[J]. Chemosphere, 2018, 191: 1-8.

[32] Jahnke A, Berger U, Ebinghaus R, et al. Latitudinal gradient of airborne polyfluorinated alkyl substances in the marine atmosphere between Germany and South Africa(53°N-33°S)[J]. Environmental Science & Technology, 2007, 41(9): 3055-3061.

[33] Strynar M J, Lindstrom A B. Perfluorinated compounds in house dust from Ohio and North Carolina, USA[J]. Environmental Science & Technology, 2008, 42(10): 3751-3756.

[34] Goosey E, Harrad S. Perfluoroalkyl compounds in dust from Asian, Australian, European, and North American homes and UK cars, classrooms, and offices[J]. Environment International, 2011, 37(1): 86-92.

[35] Liu W, He W, Wu J, et al. Distribution, partitioning and inhalation exposure of perfluoroalkyl acids(PFAAs) in urban and rural air near Lake Chaohu, China[J]. Environmental Pollution, 2018, 243(PT. A): 143-151.

[36] Houde M, Bujas T A D, Small J, et al. Biomagnification of Perfluoroalkyl Compounds in the Bottlenose Dolphin(Tursiops truncatus) Food Web[J]. Environmental Science & Technology, 2006, 40(13): 4138-4144.

[37] Bao J, Jin Y, Liu W, et al. Perfluorinated compounds in sediments from the Daliao River system of northeast China[J]. Chemosphere, 2009, 77(5): 652-657.

[38] Bao J, Liu W, Liu L, et al. Perfluorinated compounds in urban river sediments from Guangzhou and Shanghai of China[J]. Chemosphere, 2010, 80(2): 123-130.

[39] Pan G, You C. Sediment-water distribution of perfluorooctane sulfonate(PFOS) in Yangtze River Estuary[J]. Environmental Pollution, 2010, 158(5): 1363-1367.

[40] Wang Y, Yeung L W Y, Yamashita N, et al. Perfluorooctane sulfonate(PFOS) and related fluorochemicals in

chicken egg in China[J]. Chinese Science Bulletin, 2008, 53: 501-507.

[41] 王旭峰, 王强, 黎智广, 等. 广州市售水产品中全氟烷基化合物的污染特征和安全风险评价[J]. 环境科学, 2019, 40(4): 1931-1938.

[42] 张新, 刘薇, 金一和. 大连沿海常见海产品 PFOS 和 PFOA 的暴露水平调查[J]. 环境科学与技术, 2012, 35(8): 104-106, 169.

[43] 曹民, 邵俊娟, 高晓明, 等. 北京市昌平区市售乳制品及水果蔬菜中全氟化合物的含量及暴露评估[J]. 环境与健康杂志, 2018, 35(4): 3.

[44] 魏静娜, 王亚旭, 周茜, 等. 一次性纸杯中全氟辛酸及全氟辛烷磺酸的膳食暴露研究[J]. 食品工业科技, 2020, 41(8).

[45] Olsen G W, Huang H Y, Helzlsouer K J, et al. Historical comparison of perfluorooctanesulfonate, perfluorooctanoate, and other fluorochemicals in human blood[J]. Environmental Health Perspectives, 2005, 113(5): 539-545.

[46] 姚谦, 田英. 中国人群全氟化合物健康风险评估研究进展[J]. 上海交通大学学报(医学版), 2021, 41(6): 803-808.

[47] Lee S, Kim S, Park J, et al. Perfluoroalkyl substances(PFASs) in breast milk from Korea: Time-course trends, influencing factors, and infant exposure[J]. Science of The Total Environment, 2018, 612: 286-292.

[48] Xie L N, Wang X C, Dong X J, et al. Concentration, spatial distribution, and health risk assessment of PFASs in serum of teenagers, tap water and soil near a Chinese fluorochemical industrial plant[J]. Environment International, 2021, 146: 106166.

[49] 刘晨阳, 王钜铃, 王晓峰, 等. 全氟和多氟烷基化合物暴露对甲状腺功能影响研究进展[J]. 中国公共卫生, 2023, 39(5): 670-675.

[50] Van de Vijver K I, Hoff P T, Das K, et al. Perfluorinated Chemicals Infiltrate Ocean Waters: Link between Exposure Levels and Stable Isotope Ratios in Marine Mammals[J]. Environmental Science & Technology, 2003, 37(24): 5545-5550.

[51] Greaves A K, Letcher R J. Linear and branched perfluorooctane sulfonate(PFOS) isomer patterns differ among several tissues and blood of polar bears[J]. Chemosphere, 2013, 93(3): 574-580.

[52] Fang S, Zhao S, Zhang Y, et al. Distribution of perfluoroalkyl substances(PFASs) with isomer analysis among the tissues of aquatic organisms in Taihu Lake, China[J]. Environmental Pollution, 2014, 193: 224-232.

[53] Schröder H F. Determination of fluorinated surfactants and their metabolites in sewage sludge samples by liquid chromatography with mass spectrometry and tandem mass spectrometry after pressurised liquid

extraction and separation on fluorine-modified reversed-phase sorbents[J]. Journal of Chromatography A, 2003, 1020(1): 131-151.

[54] Olsen G W, Burris J M, Ehresman D J, et al. Half-Life of Serum Elimination of Perfluorooctanesulfonate, Perfluorohexanesulfonate, and Perfluorooctanoate in Retired Fluorochemical Production Workers[J]. Environmental Health Perspectives, 2007, 115(9): 1298-1305.

[55] Hallgren S, Fredriksson A, Viberg H . More signs of neurotoxicity of surfactants and flame retardants - Neonatal PFOS and PBDE 99 cause transcriptional alterations in cholinergic genes in the mouse CNS[J]. Environmental Toxicology & Pharmacology, 2015, 40(2): 409-416.

[56] Xia J G, Niu C J, Sun L Y. Ecotoxicological effects of exposure to PFOS on embryo and larva of zebrafish Danio rerio[J]. Acta Ecologica Sinica, 2013, 33(23): 7408-7416.

[57] Xia J G, Niu C J, Sun L Y. Ecotoxicological effects of exposure to PFOS on embryo and larva of zebrafish Danio rerio[J]. Acta Ecologica Sinica, 2013, 33(23): 7408-7416.

[58] 党红蕾, 那广水, 高会, 等. 全氟辛烷磺酸(PFOS)对半滑舌鳎肝脏细胞的毒性效应[J]. 生态毒理学报, 2015, 10(4): 162-169.

[59] Luebker D J, York R G, Hansen K J, et al. Neonatal mortality from in utero exposure to perfluorooctanesulfonate(PFOS) in Sprague-Dawley rats: dose-response, and biochemical and pharamacokinetic parameters. [J]. Toxicology, 2005, 215(1-2): 149-169.

[60] 谢蕾, 章涛, 孙红文. 全氟烷基化合物在人体肝脏中的富集特征及其与肝损伤的关系[J]. 环境化学, 2020, 39(6): 1479-1487.

[61] Shane H L, Baur R, Lukomska E, et al. Immunotoxicity and allergenic potential induced by topical application of perfluorooctanoic acid(PFOA) in a murine model[J]. Food and Chemical Toxicology, 2020, 136: 111114.

[62] Saito S, Nakashima A, Shima T, et al. REVIEW ARTICLE: Th1/Th2/Th17 and Regulatory T-Cell Paradigm in Pregnancy[J]. American Journal of Reproductive Immunology, 2010, 63(6): 601-610.

[63] Pennings J L A, Jennen D G J, Nygaard U C, et al. Cord blood gene expression supports that prenatal exposure to perfluoroalkyl substances causes depressed immune functionality in early childhood[J]. Journal of Immunotoxicology, 2016, 13(2): 173-180.

[64] 杨杰文, 秦小迪, 李永凌, 等. 全氟化合物对儿童肺功能影响的病例对照研究[J]. 中国学校卫生, 2017, 38(7): 1035-1038.

[65] Tsai M S, Lin C C, Chen M H, et al. Perfluoroalkyl substances and thyroid hormones in cord blood[J]. ISEE Conference Abstracts, 2017(3): 543-548.

[66] Cheng X, Wei Y, Zhang Z, et al. Plasma PFOA and PFOS levels, DNA methylation, and blood lipid levels:

A pilot study[J]. Environmental Science & Technology, 2022, 56(23): 17039-17051.

[67] 汪子夏, 姚谦, 秦凯丽, 等. 全氟化合物暴露对美国 12~20 岁人群性激素水平的影响[J]. 环境与职业医学, 2020, 37(11): 1057-1063.

[68] Aimuzi R, Luo K, Chen Q, et al. Perfluoroalkyl and polyfluoroalkyl substances and fetal thyroid hormone levels in umbilical cord blood among newborns by prelabor cesarean delivery[J]. Environmental Epidemiology, 2019, 3: 464.

[69] Melzer D, Rice N, Depledge M H, et al. Association between Serum Perfluorooctanoic Acid(PFOA) and Thyroid Disease in the U. S. National Health and Nutrition Examination Survey[J]. Environmental Health Perspectives, 2010, 118(5): 686-692.

[70] Shankar A, Xiao J, Ducatman A. Perfluorooctanoic acid and cardiovascular disease in US adults[J]. Archives of internal medicine, 2012, 172(18): 1397-1403.

[71] 朱永乐, 汤家喜, 李梦雪, 等. 全氟化合物污染现状及与有机污染物联合毒性研究进展[J]. 生态毒理学报, 2021, 16(2): 86-99.

[72] 胡存丽, 仲来福. 全氟辛烷磺酸和全氟辛酸毒理学研究进展[J]. 中国工业医学杂志, 2006(6): 354-358.

[73] 生态环境部对外合作与交流中心. POPs 知多少之氟代持久性有机污染物[M]. 北京: 中国环境出版集团, 2020.

[74] UNEP. Specific Exemptions and Acceptable Purposes[EB/OL]. (2024-06-05) [2024-06-05]. Stockholm Convention. https://www.pops.int/Procedures/Exemptionsandacceptablepurposes/tabid/4646/Default. aspx.

[75] UNEP. Perfluorooctane sulfonic acid, its salts and perfluorooctane sulfonyl fluoride. UNEP/POPS/ COP. 8/SC-9/4. 2017.

[76] UNEP. Report of the Conference of the Parties to the Stockholm Convention on Persistent Organic Pollutants on the work of its ninth meeting. UNEP/POPS/COP. 9/30. 2019.

[77] UNEP. Effective participation in the work of the Persistent Organic Pollutants Review Committee. UNEP/POPS/POPRC. 10/10. https://www.pops.int/The Convention/POPs Review Committee/ Meetings/ POPRC12/Overview/tabid/5171/Default. aspx. 2023.

[78] USEPA. 2014 TRI National Analysis Complete Report [EB/OL]. (2024-06-05)[2024-06-05]. https://www.epa. gov/toxics-release-inventory-tri-program/2014-tri-national-analysis-complete-report.

[79] EUR-Lex. Commission Regulation(EU) No 757/2010 of 24 Аugust 2010 amending Regulation(EC) No 850/2004 of the European Parliament and of the Council on persistent organic pollutants as regards Annexes I and III Text with EEA relevance. [EB/OL]. (2024-06-05)[2024-06-05]. https://eur-lex.europa. eu/legal-content/EN/TXT/?uri=CELEX: 32010R0757.

[80] EUR-Lex. Regulation(EU) 2019/1021 of the European Parliament and of the Council of 20 June 2019 on persistent organic pollutants(recast)(Text with EEA relevance) [EB/OL]. (2024-06-05)[2024-06-05]. https://eur-lex.europa.eu/legal-content/EN/TXT/?uri=CELEX:32019R1021.

[81] Dupeyrat M. WILHELMY 平板法及拉开液膜法测定界面张力的原理[J]. 无锡轻工业学院学报, 1985(1): 72-81.

[82] 环境保护部. 关于《关于持久性有机污染物的斯德哥尔摩公约》新增列九种持久性有机污染物的《关于附件 A、附件 B 和附件 C 修正案》和新增列硫丹的《关于附件 A 修正案》生效的公告[EB/OL]. (2014-03-26)[2023-12-10]. https://www.mee.gov.cn/gkml/hbb/bgg/201404/t20140401_270007.htm.

[83] 生态环境部, 外交部, 国家发展改革委, 等. 重点管控新污染物清单(2023 年版)[EB/OL]. (2022-12-29)[2023-12-10]. https://www.gov.cn/zhengce/2022-12/30/content_5734728.htm.

[84] 国务院. 危险化学品安全管理条例 [EB/OL]. (2011-03-02)[2023-12-10]. https://www.gov.cn/gongbao/content/2011/content_1825120.htm?eqid=fa36e0c80000611a0000000 664914094.

[85] 生态环境部, 商务部, 海关总署. 关于发布《中国严格限制的有毒化学品名录》(2023 年)的公告[EB/OL]. (2023-10-16)[2023-12-10]. https://www.mee.gov.cn/xxgk2018/xxgk/xxgk01/202310/t20231019_1043580.html.

[86] 刘浩然, 邢静怡, 任文杰. 中国土壤中全氟和多氟烷基物质的分布、迁移及管控研究进展[J]. 环境科学, 2024, 45(1): 376-385.

[87] 国家统计局. 中国统计年鉴[M]. 北京: 中国统计出版社, 2011.

[88] Zhang L, Liu J, Hu J, et al. The inventory of sources, environmental releases and risk assessment for perfluorooctane sulfonate in China[J]. Environmental Pollution, 2012, 165: 193-198.

[89] Xie S, Wang T, Liu S, et al. Industrial source identification and emission estimation of perfluorooctane sulfonate in China[J]. Environment international, 2013, 52: 1-8.

[90] 张静, 陈萌. 典型 PFOA 和 PFOS 替代品对水生生物的毒性效应研究进展[J]. 生态毒理学报, 2023, 18(4): 57-76.

[91] 余立风. 中国 PFOS 类环境管理和履约对策研究[M]. 北京: 中国环境出版社, 2017.

[92] 王龙, 陈文静, 张扬, 等. 我国PFOS/PFOSF环境管理现状及其废物污染防治对策研究[J]. 环境保护科学, 2024(3): 1-9.

[93] UNEP. General guidance on considerations related to alternatives and substitutes for listed persistent organic pollutants and candidate chemicals(POPs). UNEP/POPS/POPRC. 5/INF/10.2009.

[94] 孙殿超, 龚平, 王小萍, 等. 拉萨河全氟化合物的时空分布特征研究[J]. 中国环境科学, 2018, 38(11): 4298-4306.

[95] 朱秀华, 王鹏远, 施泰安, 等. 持久性有机污染物的环境大气被动采样技术[J]. 环境化学, 2013(10): 1956-1969.

[96] 孟晶, 王铁宇, 王佩, 等. 淮河流域土壤中全氟化合物的空间分布及组成特征[J]. 环境科学, 2013, 34(8): 3188-3194.

[97] Duan X L, Zhao X, Wang B B, et al. 中国人群暴露参数手册[M]. 北京: 中国环境出版社, 2013.

[98] 苏畅, 姜晨, 张彩丽, 等. 全氟辛酸(PFOA)化学品污染的应对浅析——以电影《黑水》杜邦事件为例[J]. 世界环境, 2020(4): 4.

[99] 王龙, 陈文静, 张扬, 等. 我国 PFOS/PFOSF 环境管理现状及其废物污染防治对策研究[J]. 环境保护科学, 2024(3): 1-9.

[100] 国家发展改革委. 产业结构调整指导目录（2024 年本）[EB/OL]. (2023-12-27). http://www.gov.cn/zhengce/202401/content_6924187.htm.

[101] 生态环境部. 关于禁止生产、流通、使用和进出口林丹等持久性有机污染物的公告[EB/OL]. (2019-03-11)[2021-05-17]. http://wzq1.mee.gov.cn/xxgk2018/xxgk/xxgk01/201903/t20190312_695462.html.

[102] 生态环境部. 关于公开征求《生态遥感地面观测与验证技术导则(征求意见稿)》等四项国家生态环境标准意见的通知[EB/OL]. (2021-12-15)[2022-11-16]. https://www.mee.gov.cn/xxgk2018/xxgk/xxgk06/202112/t20211215_964264.html.

[103] 中国表面工程协会. 关于对《表面处理废水资源化处理复合盐(征求意见稿)》等 2 项团体标准征求意见的函[EB/OL]. (2022-04-18)[2022-11-16]. http://www.csea1991.org/newsinfo/637648.html?templateId=174541.

[104] 国家市场监督管理总局, 国家标准化管理委员会. 关于批准发布《公路路面等级与面层类型代码》等 373 项推荐性国家标准和 6 项国家标准修改单的公告[EB/OL]. (2023-03-17)[2023-04-10]. https://www.sac.gov.cn/xw/tzgg/art/2023/art_64d379e2a1a9428eb89a2391d9cbbf97.html.

[105] Richards P M, Liang Y, Johnson R L, et al. Cryogenic soil coring reveals coexistence of aerobic and anaerobic vinyl chloride degrading bacteria in a chlorinated ethene contaminated aquifer[J]. Water Research, 2019, 157: 281-291.

[106] 陈家苗, 王建设. 新型全氟和多氟烷醚类化合物的环境分布与毒性研究进展[J]. 生态毒理学报, 2020, 15(5): 28-34.

[107] 李津津, 张玉, 姚素梅. 全氟辛酸和全氟辛烷磺酸替代品发展现状[J]. 天津化工, 2022, 36(4): 8-11.

[108] 张静, 陈萌. 典型 PFOA 和 PFOS 替代品对水生生物的毒性效应研究进展[J]. 生态毒理学报, 2023, 18(4): 57-76.

[109] 李嘉旭, 徐娇, 徐卫国, 等. PFOS/PFOA 替代品研究现状[J]. 浙江化工, 2022, 53(12): 7-16.

[110] Koga K, Nemoto F. Perfluorohexlbenzyl sulfonic and its salt:JP61069754 [P]. 1986-04-01.

[111] 陈家苗, 王建设. 新型全氟和多氟烷醚类化合物的环境分布与毒性研究进展[J]. 生态毒理学报, 2020, 15(5): 28-34.

[112] UNEP. Guidance on best available techniques and best environmental practices for the use of perfluorooctane sulfonic acid(PFOS), perfluorooctanoic acid(PFOA), and their related compounds listed under the Stockholm Convention[EB/OL]. (2022-04-18)[2022-11-16]. Stockholm Convention. https://www. pops.int/Implementation/NationalImplementationPlans/GuidanceArchive/GuidanceonBATBEP forPFOS/ tabid/3170/Default. aspx.

[113] UNEP. Consolidated guidance on alternatives to perfluorooctane sulfonic acid(PFOS) and its related chemicals. UNEP/POPS/POPRC. 12/INF/15/Rev. 1. 2016.

[114] 张清清, 毕海普, 舒中俊, 等. 泡沫灭火剂中全氟辛烷磺酸类物质的管控行为及替代物研究进展[J]. 化工进展, 2022, 41(S1): 340-350.

[115] UNEP. Technical paper on the identification and assessment of alternatives to the use of perfluorooctane sulfonic acid, its salts, perfluorooctane sulfonyl fluoride and their related chemicals in open applications. UNEP/POPS/POPRC. 8/INF/17/Rev. 1.2016.

[116] Bao Y, Qu Y, Huang J, et al. First assessment on degradability of sodium p-perfluorous nonenoxybenzene sulfonate(OBS), a high volume alternative to perfluorooctane sulfonate in fire-fighting foams and oil production agents in China[J]. Rsc Advances, 2017, 7(74): 46948-46957.

[117] UNEP. Draft report on the assessment of alternatives to perfluorooctane sulfonic acid, its salts and perfluorooctane sulfonyl fluoride. UNEP/POPS/POPRC. 14/INF/8. 2018.

[118] Wang Z, Cousins I T, Scheringer M, et al. Fluorinated alternatives to long-chain perfluoroalkyl carboxylic acids(PFCAs), perfluoroalkane sulfonic acids(PFSAs) and their potential precursors[J]. Environment international, 2013, 60: 242-248.

[119] UNEP. Assessment of the continued need for PFOS, Salts of PFOS and PFOS-F(acceptable purposes and specific exemptions)[EB/OL]. (2024-06-05) [2024-06-05]. Stockholm Convention. https: //chm. pops. int/Portals/0/download. aspx?d=UNEP-POPS-POPRC13FU-SUBM-PFOS-EU-20180216. En. pdf.

[120] Castro J . Fuel for thought[J]. Industrial Fire Journal, 2017: 34-36.

[121] Hinnant K. Ananth R. Conroy M, et al. Evaluating the Difference in Foam Degradation between Fluorinated and Fluorine-free Foams for Improved Pool Fire Suppression[J]. Abstracts of Papers of the American Chemical Society. 2016, 65-7727.

[122] Mehta J, Mittal V K, Gupta P. Role of Thermal Spray Coatings on Wear, Erosion and Corrosion Behavior: A Review[J]. Journal of Applied Science and Engineering, 2017, 20(4): 445-452.

[123] 陈荣圻. PFOS 整理剂替代品开发成必然[J]. 纺织服装周刊, 2009(8): 1.

[124] 程博, 高殿权, 邵颖, 等. PFOS 的禁用及织物含氟整理剂替代品研究[J]. 印染助剂, 2018, 35(9): 1-4.

[125] UNEP. Conference of the Parties to the Stockholm Convention on Persistent Organic Pollutants Seventh meeting. UNEP/POPS/COP. 7/16. 2015.

[126] UNEP. Form for the collection of information on PFOS, its salts, PFOSF and their related chemicals to be used in the evaluation of the continued need for the various acceptable purposes and specific exemptions [EB/OL]. Stockholm Convention. (2024-06-05)[2024-06-05]. https://chm.pops.int/Portals/0/download. aspx?d=UNEP-POPS-POPRC13FU-SUBM-PFOS-FFFC-20180215. En. pdf.

[127] 黄磊, 胡斌, 刘刚, 等. 全氟及多氟烷基化合物在土壤-地下水系统多介质界面行为研究进展[J]. 净水技术, 2023, 42(9): 15-29.

[128] UNEP. Technical guidelines on the environmentally sound management of wastes consisting of, containing or contaminated with perfluorooctane sulfonic acid(PFOS), its salts and perfluorooctane sulfonyl fluoride(PFOSF), perfluorooctanoic acid(PFOA), its salts and PFOA-related compounds, and perfluorohexane sulfonic acid(PFHxS), its salts and PFHxS related compounds. UNEP/CHW. 16/6/Add. 1/Rev. 1. 2017.

[129] OECD. Guidance Document on Determining Best Available Techniques(BAT), BAT-Associated Environmental Performance Levels and BAT-Based Permit Conditions[EB/OL]. (2024-06-05) [2024-06-05]. https://www.oecd.org/chemicalsafety/risk-management/guidance-document-on-determining-best-available-techniques. pdf.

[130] UNEP. Guidance on best available techniques and best environmental practices for the use of perfluorooctane sulfonic acid(PFOS), perfluorooctanoic acid(PFOA), and their related compounds listed under the Stockholm Convention. UNEP/POPS/COP. 10/INF/20. 2021.

[131] UNEP. Draft report on the assessment of alternatives to perfluorooctane sulfonic acid(PFOS), its salts and perfluorooctane sulfonyl fluoride(PFOSF). EP/POPS/POPRC. 14/INF/8. 2018.

[132] Wang Q, Ruan Y, Lin H, et al. Review on perfluoroalkyl and polyfluoroalkyl substances(PFASs) in the Chinese atmospheric environment[J]. Science of The Total Environment, 2020, 737: 139804.

[133] 张磊, 郑哲, 陈文静, 等. 我国典型含 PFOS/PFOSF 废物处置技术可行性分析与建议[J]. 环境科学研究, 2022, 35(8): 12.

[134] Mu T H. Park M, Kim K Y. Energy-efficient removal of PFOA and PFOS in water using electrocoagulation with an air-cathode[J]. Chemosphere, 2021, 281: 130956.

[135] Xiao F, Simick M F, Gulliver J S. Mechanisms for removal of perfluorooctane sulfonate(PFOS) and perfluorooctanoate(PFOA) from drinking water by conventional and enhanced coagulation[J]. Water Research, 2013, 47(1): 49-56.

[136] 陈星, 刘朝阳, 宋昕, 等. 新污染物 PFOS 痕量级测定中的影响因素及优化[J]. 环境工程学报,

2021, 15(6): 12.

[137] Lau C, Anitole K, Hodes C, et al. Perfluoroalkyl Acids: A Review of Monitoring and Toxicological Findings[J]. Toxicological Sciences, 2007, 99(2): 366-394.

[138] UNEP. General technical guidelines on the environmentally sound management of wastes consisting of, containing or contaminated with persistent organic pollutants(General POPs). UNEP/CHW. 16/6/Add. 2/Rev. 1. 2023.

[139] 吕永龙, 王佩, 谢双蔚, 等. 新兴产业发展与新型污染物的排放和污染控制——以全氟辛烷磺酸 (PFOS) 类新型污染物为例[C]//第十五届中国科协年会第 24 分会场: 贵州发展战略性新兴产业中 的生态环境保护研讨会论文集. 中国科学技术协会, 2013.

[140] 黄澄华, 李训生, 龙光斗, 等. PFOS 类物质在电镀行业中应用减量化及替代研究[C]//全国功能性 氟硅材料和涂料市场开发及应用 "瓮福蓝天杯" 技术研讨会. 中国氟硅有机材料工业协会, 2009.

[141] Yu Q, Zhang R, Deng S, et al. Sorption of perfluorooctane sulfonate and perfluorooctanoate on activated carbons and resin: Kinetic and isotherm study[J]. Water research, 2009. 43(4), 1150-1158.

[142] 洪雷, 丁倩云, 亓祥坤, 等. 吸附法去除水中全氟化合物的研究进展[J]. 环境化学, 2021, 40(7): 2193-2203.

[143] Deng S, Yu Q, Huang J, et al. Removal of perfluorooctane sulfonate from wastewater by anion exchange resins: Effects of resin properties and solution chemistry[J]. Water Research, 2010, 44(18): 5188-5195.

[144] 湖北省生态环境厅. 关于世界银行-全球环境基金中国 PFOS 优先行业削减与淘汰项目湖北恒新化工 有限责任公司转产项目移民安置行动计划的公示 [EB/OL]. (2019-06-27) [2024-06-07]. http://sthjt.hubei.gov.cn/fbjd/zc/zcwj/sthjt/tzgg/201906/t20190627_700651.shtml.

[145] 世界银行. 全球环境基金 "中国 PFOS 优先行业削减与淘汰准备金项目" 湖北恒新化工有限公司 环保核查报告 [EB/OL]. (2016-09-02) [2024-06-07]. https://documents1.worldbank.org/curated/en/ 368401473315331377/pdf/Env-audit-for-pilot-factory-of-PFOS-2Sep2016-submit-cn. pdf.

[146] 江苏锁龙消防科技股份有限公司. 中国PFOS优先行业削减与淘汰项目之含PFOS类物质泡沫灭火 剂无害化处置活动环境和社会管理计划[EB/OL]. (2023-06-19)[2024-06-07]. http://www.suolong. com/news/194. html.